兽医临床诊疗宝典

鸭病诊疗原色图谱

第二版

崔恒敏　主编

中国农业出版社

◆ 内容提要 ◆

　　本书内容包括传染病、寄生虫病、营养代谢病与中毒病、其他疾病共76种鸭病，典型彩色照片434幅。以图文并茂的形式，从疾病的病原或病因、典型症状与病变、诊断要点、防治措施和诊疗注意事项五个方面对每一种鸭病作了介绍，突出诊疗要点，体现实用、管用、够用的特点，是兽医人员和鸭养殖人员学习和掌握鸭病诊疗技术的必备工具书。

丛书编委会

主　任　陈怀涛

委　员（以姓氏笔画为序）

　　　　王新华　王增年　朱战波

　　　　任克良　闫新华　李晓明

　　　　肖　丹　汪开毓　陈世鹏

　　　　周庆国　胡薛英　贾　宁

　　　　夏兆飞　崔恒敏　银　梅

　　　　潘　博　潘耀谦

本书第二版编写人员

主　　编　崔恒敏

副 主 编　胡薛英　岳　华　江　斌

编写人员（以姓氏笔画为序）

刘思当　江　斌　汤　承

苏敬良　杨光友　谷长勤

张济培　岳　华　胡薛英

崔恒敏　彭　西　蒋文灿

本书第一版编写人员

主　　编　崔恒敏

副 主 编　胡薛英　岳　华

编写人员（以姓氏笔画为序）

刘思当　汤　承　杨光友

谷长勤　张济培　岳　华

胡薛英　崔恒敏　蒋文灿

序 言
XUYAN

　　《兽医临床诊疗宝典》自2008年出版至今将近六年。经广大基层兽医工作者和动物饲养管理人员的临床实践，普遍认为这套丛书是比产适用的，解决了他们在动物疾病诊断与防治方面的许多问题，的确是一套很好的科普读物。

　　但是，随着我国养殖业的快速发展和畜牧兽医科技工作者对获取专业知识的欲望越来越高，这套"宝典"已不能完全适应经济社会进步的需求。在这种形势下，中国农业出版社决定立即对其进行修订，是非常适合时宜的。

　　鉴于丛书的总体架构和设计都比较科学适用，故第二版主要做了文字修改，以便更为准确、精练、通俗、易懂。同时增加了一些较重要的疾病和图片，使各种动物的疾病和图片数量都有所增多，图片质量也有所提高，因此，本丛书的内容更为丰富多彩。

　　本丛书第二版也和原版一样，仍然凸显了图文并茂、简明扼要、突出重点、易于掌握等特点和优点。

　　在本丛书第二版付梓之际，对全体编审人员的严谨工作和付出的艰辛劳动，对提供图片和大力支持的所有同仁谨致谢意！

　　相信《兽医临床诊疗宝典》第二版为我国动物养殖业的发展定能发挥更加重要的作有。恳切希望广大读者对本丛书提出宝贵意见。

陈怀涛

2014年5月

第二版前言

DIERBAN QIANYAN

《鸭病诊疗原色图谱》于2008年出版后，在普及兽医临床诊断和治疗知识以及使兽医人员和鸭养殖人员客观、直接、简便、快速地学习和掌握鸭病的诊疗方法和技巧方面起到了积极作用，为养鸭业的健康发展和鸭病的防控做出了贡献。在这五年多的使用和实践期间，作者们一方面收集用户或使用者对本图谱提出的宝贵意见，一方面深入养鸭第一线、发病现场、鸭病研究中，努力收集更多的典型照片和未编入本图谱的鸭病，为本图谱的修订奠定了良好的基础。

本图谱修订后，与初版比较有以下特点：

1.新增鸭病：40种，传染病6种、寄生虫病33种、其他疾病1种。

2.新增病原彩图：113幅，其中病毒图3幅、细菌图5幅、寄生虫图106幅。

3.新增症状和病变大体彩图：93幅，其中病毒病30幅、细菌病30幅、寄生虫病27幅、代谢病3幅、中毒病2幅、其他疾病1幅。

4.新增组织学彩图：68幅，其中病毒病16幅、细菌病33幅、中毒病10幅、其他疾病9幅。

5.新增了"鸭病综合防治原则"。

6.与国内已出版的其他鸭病或禽病图谱比较，本书是目前鸭病种类收集最多（76种）、彩色照片最丰富（434幅）的鸭病图谱。

本书以典型的病原彩图、临床症状彩图、剖检病变彩图和组织学彩图，结合文字，对传染病、寄生虫病、营养代谢病与中毒病、其他疾病等共76种鸭病作了介绍，突出了诊疗要点和防治措施，体现了实用、管用、够用的特点，对养鸭现场和兽医临诊上鸭病的临床诊断与防治具有实践指导作用，是一本兽医人员和鸭养殖人员学习和掌握鸭病诊疗技术的必备工具书。

尽管全体作者作了最大努力，但由于集约化、规模化、舍养和散（放）养等多种鸭养殖形式并存，加之疾病的发生和流行出现新的特点（如疾病的非典型化等），本图谱难免还存在不足之处，敬请专家和广大读者批评指正 。

编 者

2014年5月

第一版前言

DIYIBAN QIANYAN

　　我国是养鸭大国，也是世界上养鸭最早的国家之一。养鸭业作为养禽业的一个重要组成部分，对现代畜牧业的健康发展和人类肉食品结构调整与安全做出了应有的贡献。随着养鸭业的迅速发展和规模的不断扩大，疾病的发生和流行对其危害日益突出，疾病的诊疗和防控更显重要。目前，在兽医临床上或鸭养殖现场需要的以图文并茂而直观地诊断与防治鸭病的书籍或工具书较为缺乏。为普及兽医临床诊断和治疗知识，使兽医人员和鸭养殖人员客观、直接、简便、快速地学习和掌握鸭病的诊疗方法和技巧，特组织编著了《鸭病诊疗原色图谱》一书，以满足现代养鸭业的健康发展和疾病的防控。

　　本书以简洁、易懂的文字，结合典型的临床症状和剖检病变图片，对传染病、寄生虫病、营养代谢病与中毒病、其他疾病等共37种常见鸭病作了介绍，突出了诊疗要点和防治措施，体现了实用、管用、够用的特点，对养鸭现场和兽医临诊上鸭病的临床诊断与防治具有实践指导作用，是一本兽医人员和鸭养殖人员学习和掌握鸭病诊疗技术的必备工具书。

　　在本书的编著过程中，得到了中国农业大学郭玉璞教授的大力支持，无偿提供肉鸭腹水症照片2张。在此，表示衷心感谢。

　　由于集约化、规模化、舍养和散（放）养等多种鸭养殖形式并存，加之疾病的发生和流行出现新的特点（如疾病的非典型化等），本书可能存在不足之处，敬请专家和广大读者批评指正。

编　者

2007年8月

目 录
MULU

鸭　瘟

鸭瘟又称鸭病毒性肠炎，是由疱疹病毒感染引起的鸭、鹅、雁的一种急性败血性传染病。不同年龄和品种的鸭均可感染，但自然感染病例中，以产蛋母鸭多发。

【病原】疱疹病毒的病毒粒子呈球形，直径为120～180纳米，有囊膜，病毒核酸型为DNA（图1）。病毒在病鸭体内分散于各种内脏器官、血液、分泌物和排泄物中，其中以肝、肺、脑含毒量最高。该病毒对乙醚和氯仿敏感，5%生石灰作用30分钟可灭活。在-10℃～20℃1年后仍有致病力。

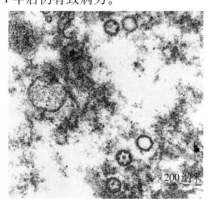

200纳米

图1　鸭　瘟

胸腺细胞中鸭瘟病毒粒子。（胡薛英）

【典型症状与病变】以体温升高、两腿软弱、下痢、流泪和头颈部肿大（图2和图3）为临床特征。剖检见头、颈、胸部皮下黄色胶冻样浸润（图4和图5）；口腔、食管黏膜、泄殖腔黏膜出现特征性的坏死性假膜炎症和出血（图6至图9），肠浆膜和黏膜可见环状出血带（图10和图11）；肝脏见有出血性坏死灶（图12和图13）；淋巴器官、心外膜、胃肠和气管黏膜出血（图14至图19）。种鸭卵巢充血出血，卵泡变形、变色，甚至破裂（图20至图22）。镜下，可见淋巴器官、肝脏、肾脏、心脏出现大小不等的坏死灶（图23和图24）。

图2 鸭瘟

头颈部肿大，眼、鼻流出血性分泌物。
（岳华，汤承）

图3 鸭瘟

头部肿胀。（胡薛英）

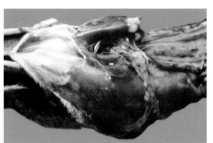

图4 鸭瘟

头部皮下胶样浸润。（岳华，汤承）

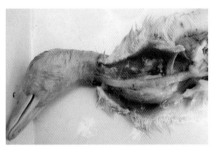

图5 鸭瘟

颈部皮下水肿。（胡薛英）

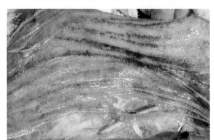

图6 鸭瘟

食管黏膜线状出血。（岳华，汤承）

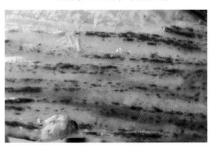

图7 鸭瘟

食管黏膜线状出血。（胡薛英）

图8 鸭瘟

食管黏膜出血和局灶性假膜样坏死。(岳华，汤承)

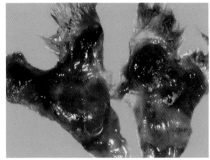

图9 鸭瘟

泄殖腔黏膜出血及假膜样坏死。(岳华，汤承)

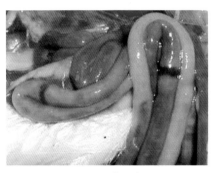

图10 鸭瘟

肠浆膜环状出血带。(岳华，汤承)

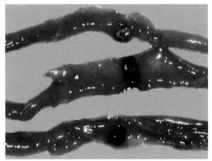

图11 鸭瘟

肠黏膜环状出血性坏死带。(岳华，汤承)

图12 鸭瘟

肝脏出血性坏死。(岳华，汤承)

图13 鸭瘟

肝脏出血性坏死。(胡薛英)

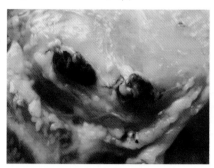

图14 鸭 瘟

胸腺出血性坏死。（胡薛英）

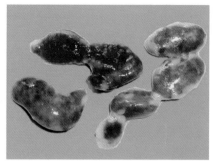

图15 鸭 瘟

胸腺出血性坏死。（岳华，汤承）

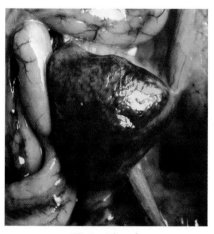

图16 鸭 瘟

脾脏肿大呈斑驳状。（胡薛英）

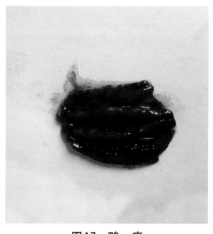

图17 鸭 瘟

法氏囊出血性坏死。（胡薛英）

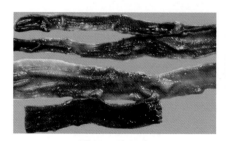

图18 鸭 瘟

肠黏膜严重出血和假膜样坏死。（岳华，汤承）

图19 鸭 瘟

气管出血。（胡薛英）

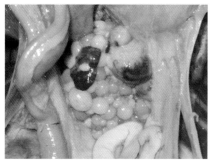

图20　鸭　瘟

种鸭卵巢出血。（胡薛英）

图21　鸭　瘟

卵泡破裂，呈卵黄性腹膜炎。（岳华，汤承）

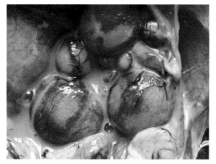

图22　鸭　瘟

卵泡出血、破裂，卵黄溢出。（胡薛英）

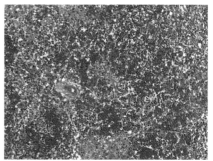

图23　鸭　瘟

脾髓充血、出血。（HE×200）（崔恒敏）

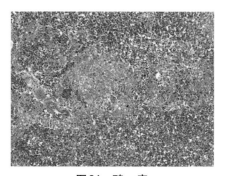

图24　鸭　瘟

坏死性脾炎。（HE×200）（崔恒敏）

【诊断要点】根据病鸭头颈部肿大和特征性的剖检变化，结合流行病学调查，可做出初步诊断。确诊需进行病毒的分离鉴定或病毒核酸的检测或血清学检查等实验室检查。

【防治措施】不从疫区进鸭苗，不到鸭瘟疫区放牧，严格执行卫生消毒措施。对受威胁的鸭群接种鸭瘟弱毒疫苗；发病鸭群应严格隔离封锁，并进行紧急接种。用高免血清治疗早期病鸭有效。病死鸭应焚烧或深埋，环境、圈舍、垫料及粪便应严格消毒。

【诊疗注意事项】临床上注意与鸭禽流感、鸭巴氏杆菌病作鉴别诊断。

鸭病毒性肝炎

鸭病毒性肝炎是由鸭Ⅰ型肝炎病毒引起的雏鸭的一种高度致死性急性传染病，发病急、传播快，死亡率高，主要侵害3～20日龄的雏鸭。

【病原】鸭Ⅰ型肝炎病毒为RNA病毒，大小为20~40纳米，能抵抗乙醚和氯仿，对甲醛和氢氧化钠较敏感。因对各种理化因素均有很强的抵抗力，该病毒可以在自然环境中长期存活。

【典型症状与病变】雏鸭突然发病，传播迅速，最急性病例常没有任何症状而突然倒毙，2~3天后大批死亡。患病雏鸭精神沉郁，食欲废绝，排出白色稀便；可见神经症状，行走不稳，共济失调（图25），角弓反张（图26）。特征性的剖检变化为出血性坏死性肝炎，表现为肝脏肿大、灰黄色，表面有大小不等的出血点和坏死点（图27至图29）。镜下，可见肝脏呈出血性肝炎（图30至图32）；脾脏呈坏死性脾炎；肾小管上皮和心肌纤维变性（图33）；肺脏瘀血（图34）；法氏囊淋巴滤泡淋巴细胞减少、网状细胞增生，黏膜上皮变性、坏死、脱落（图35和图36）。

图25 鸭病毒性肝炎

病鸭出现神经症状，平衡失调。（岳华、汤承）

图26　鸭病毒性肝炎

死亡病鸭呈角弓反张姿势。（胡薛英）

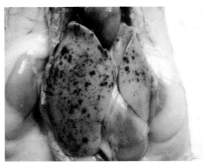

图27　鸭病毒性肝炎

肝脏斑点状出血。（胡薛英）

图28　鸭病毒性肝炎

肝脏斑点状出血。（胡薛英）

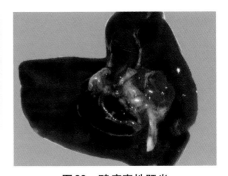

图29　鸭病毒性肝炎

胆囊扩张，充满墨绿色胆汁。（岳华，汤承）

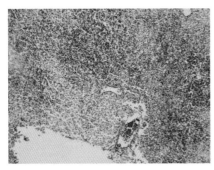

图30　鸭病毒性肝炎

肝窦扩张充血、出血，瘀积大量红细胞。（HE×100）（岳华，汤承）

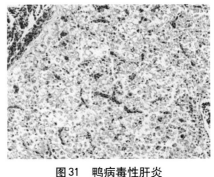

图31　鸭病毒性肝炎

肝细胞肿大，空泡变性。（HE×200）（岳华，汤承）

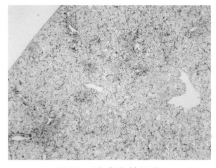

图32 鸭病毒性肝炎

肝小叶内出现灶状坏死和出血。(HE×100)
(岳华,汤承)

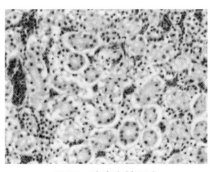

图33 鸭病毒性肝炎

肾小管上皮细胞肿大、颗粒变性和空泡变性,毛细血管扩张。(HE×200)(岳华,汤承)

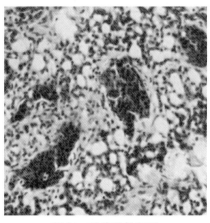

图34 鸭病毒性肝炎

　肺脏小静脉和毛细血管扩张、瘀血。
(HE×200)(岳华,汤承)

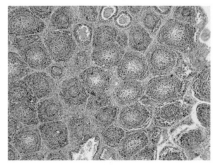

图35 鸭病毒性肝炎

法氏囊淋巴滤泡淋巴细胞减少,网状细胞增生。(HE×100)(岳华,汤承)

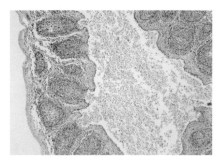

图36 鸭病毒性肝炎

法氏囊黏膜上皮细胞变性、坏死、脱落。
(HE×200)(岳华,汤承)

【诊断要点】根据发病年龄特点、神经症状和肝脏的特征性病变可做出初步诊断。确诊需进行病毒的分离鉴定或病毒核酸的检测或血清学检查等实验室检查。

【防治措施】建立严格的防疫和消毒制度。种鸭开产前接种鸡胚化弱毒疫苗，可为 2～3 周龄的雏鸭提供有效保护；对疫区母源抗体较低或无母源抗体的雏鸭，由于雏鸭免疫系统尚不完善，早期接种弱毒疫苗效果不理想，应在出壳后 1～3 天皮下注射高免血清或高免卵黄，可有效防止本病发生。

小鸭一旦发病，立即注射高免血清或高免卵黄，同时投服广谱抗菌药物，防止细菌继发感染，补充多维，可迅速制止死亡。

【诊疗注意事项】早期使用高免卵黄或高免血清进行治疗，效果良好，发病后应尽早使用。

鸭呼肠孤病毒感染

鸭呼肠孤病毒感染主要见于各种年龄的樱桃谷鸭、天府鸭、川麻鸭、杂交鸭、番鸭、半番鸭等，发病率和死亡率均较高。

【病原】鸭呼肠孤病毒呈球形，无囊膜，大小为65~70纳米，核酸类型为双链RNA，基因组大于19千碱基对，归属于呼肠孤病毒科正呼肠孤病毒属。在培养细胞的细胞质内呈晶格状排列（图37）。

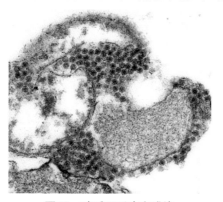

图37　鸭呼肠孤病毒感染

鸭呼肠孤病毒呈球形，在细胞质内呈晶格状排列（透射电镜）。（胡薛英）

【典型症状与病变】

大鸭：成年鸭以头颈肿大为特征。病鸭明显肿头（图38），眼睑潮红，流鼻液和泡沫状眼泪，排绿色稀粪。剖检见全身皮肤上散在大小不等的出血斑点或斑块，以腹部、胸侧、颈侧最为明显。胸腹腔积有多量红色渗出液体，心外膜和心冠脂肪出血（图39）。肝脏略肿大、质脆、充血和斑点状出血（图40）。肠道浆液性或出血性炎症，腺胃和肌胃未见出血带和出血点。盲肠黏膜可见出血斑块。气管和肺出血。食管黏膜出血或线状出血（图41），严重者有点状或块状黄色假膜覆盖。卵巢变形、变色、出血（图42）。头部皮下和腹部皮下有大量胶样物浸润（图43和图44）。

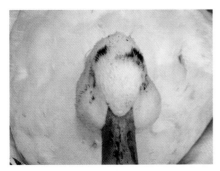

图38　鸭呼肠孤病毒感染

病鸭头部明显肿大。（蒋文灿）

图39　鸭呼肠孤病毒感染

心外膜及心冠脂肪出血。（蒋文灿）

图40　鸭呼肠孤病毒感染

肝脏肿大、出血。（蒋文灿）

图41　鸭呼肠孤病毒感染

食管黏膜线状出血。（蒋文灿）

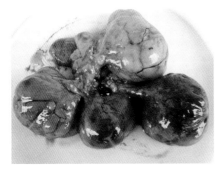

图42　鸭呼肠孤病毒感染

卵巢变形、变色、出血。（蒋文灿）

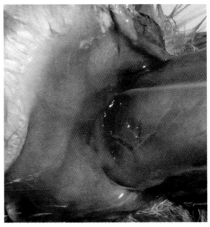

图43　鸭呼肠孤病毒感染

腹部皮下胶样浸润物。（蒋文灿）

图44　鸭呼肠孤病毒感染

头部皮下出血和胶样浸润物。（蒋文灿）

图45　鸭呼肠孤病毒感染

病鸭眼分泌物增多。（胡薛英）

小鸭：病鸭主要表现为精神沉郁，不愿走动，被毛粗乱无光，食欲减少或废绝，鼻、眼流出浆液性分泌物，常因继发细菌感染而发生死亡（图45）。剖检见肝脏肿大，表面出现针尖大小黄白色坏死灶，间或出血。脾脏肿大，表面有米粒至黄豆大小白色病灶，病灶中央有红色出血，有的病鸭脾脏肿大，呈黑红色。法氏囊逐渐萎缩，有时有出血（图46至图50）。组织病理学检查，肝脏和脾脏呈局灶性凝固性坏死，脾脏后期可见数个大的坏死灶并有肉芽肿形成；法氏囊早期淋巴滤泡坏死，固有层淋巴滤泡数量明显减少，逐渐出现多量空洞（图51至图55）。

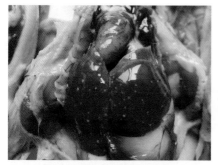

图46　鸭呼肠孤病毒感染

肝脏黄白色坏死灶。（胡薛英）

图47　鸭呼肠孤病毒感染

肝脏黄白色坏死灶和出血。（胡薛英）

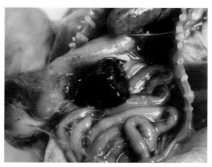

图48　鸭呼肠孤病毒感染

脾脏出血、坏死。（胡薛英）

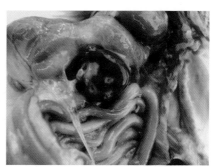

图49　鸭呼肠孤病毒感染

脾脏有黄白色坏死灶和出血。（胡薛英）

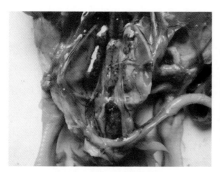

图50　鸭呼肠孤病毒感染

法氏囊有出血、坏死。（胡薛英）

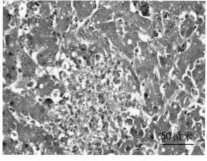

图51　鸭呼肠孤病毒感染

肝脏凝固性坏死灶。（HE×200）（胡薛英）

图52　鸭呼肠孤病毒感染

脾脏凝固性坏死灶。(HE×200)(胡薛英)

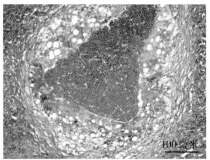

图53　鸭呼肠孤病毒感染

脾脏肉芽肿形成。(HE×200)(胡薛英)

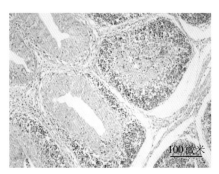

图54　鸭呼肠孤病毒感染

法氏囊淋巴滤泡髓质淋巴细胞坏死，网状细胞增生。(HE×200)(胡薛英)

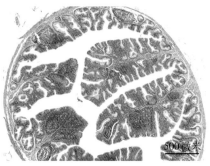

图55　鸭呼肠孤病毒感染

法氏囊淋巴滤泡减少。(HE×100)(胡薛英)

　　【诊断要点】根据发病鸭不分年龄、品种以及典型症状与病变、鸭瘟疫苗紧急预防无效可做出初步诊断，确诊需进行病毒的分离、鉴定。

　　【防治措施】不从病鸭场引进鸭苗；加强鸭场平时的消毒、隔离等综合性防治措施；可用鸭病毒性肿头出血症蜂胶灭活疫苗或本场病死鸭肝脏紧急制苗防治；发病时可用抗病毒药物及中药治疗，并辅以敏感抗菌药物控制继发感染。

　　【诊疗注意事项】诊断应注意与鸭瘟相鉴别，其鉴别要点主要有两方面，一是发病年龄，该病各种年龄鸭均可发病，而鸭瘟多见于成年鸭发病；二是肠道出血性变化，该病肠道出血性变化不明显，而鸭瘟常见肠道广泛出血及肠道环状出血带。

番鸭呼肠孤病毒病

番鸭呼肠孤病毒病又称番鸭肝白点病或花肝病，是由番鸭呼肠孤病毒引起雏番鸭的一种急性、接触性传染病。本病属于免疫抑制性疾病。

在自然条件下，本病只感染雏番鸭，通过人工接种也可导致雏鹅发病。发病日龄在4～50日龄，其中以7～30日龄为多见。日龄越小发病程度越严重。一年四季均可发病，但育雏室的温差大易诱发本病的发生，打针应激也可诱发本病。本病可通过水平接触传播，也可通过种鸭垂直传播。

【病原】见鸭呼肠孤病毒感染。

【典型症状与病变】病初表现精神委顿、食欲减少或废绝，喙部着地，拉黄白色稀粪，死亡快。经过3～5天病情的发展，发病率和死亡率逐渐增加，同时鸭群中越来越多的病鸭出现关节肿大、软脚（图56）。25～30日龄后死亡率逐渐减少，但软脚的数量可增加到50%～80%。耐过病鸭生长速度缓慢而成僵鸭。病程较长，可持续15～30天，发病率20%～90%，死亡率25%～80%。

剖检见肝脏肿大，表面有许多细小的灰白色坏死点（图57）；脾脏肿大呈斑驳状；肾脏肿大；心包炎，心包腔内有大量干酪样分泌物，心包粘连（图58）；气囊炎。此外，许多病例出现跗关节肿大（图59），切开关节可见上部腓肠肌腱水肿、关节液增多；病程长的可见关节肿大、硬化以及纤维化，关节腔内出现干酪样渗出物。

图56　番鸭呼肠孤病毒病
软脚症状。（江斌）

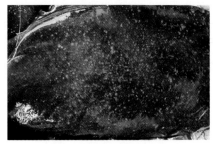

图57　番鸭呼肠孤病毒病
肝脏密布灰白色坏死灶。（江斌）

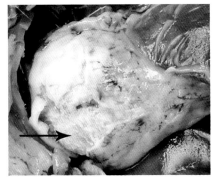

图58　番鸭呼肠孤病毒病
心包炎。(江斌)

图59　番鸭呼肠孤病毒病
跗关节红肿。(江斌)

【诊断要点】通过流行病学、典型症状与病变可做出初步诊断。确诊需进行病毒的分离、鉴定。

【防治措施】第一，做好种鸭的净化工作，预防本病通过种蛋垂直传播。凡是患有番鸭呼肠孤病毒病的鸭群不能留做种用，同时要加强种鸭场和孵化场所、孵化器以及种蛋的消毒工作。第二，雏番鸭出壳后可试用番鸭呼肠孤病毒活疫苗进行免疫接种，有一定的免疫保护作用。第三，加强雏番鸭的饲养管理工作，尤其是做好育雏室的保温工作，是预防本病的主要措施之一。此外，在育雏期间要尽量减少打针刺激，并做好饮水、投料、通风等管理工作。

治疗：以饲喂抗病毒、提高机体免疫力的药物以及隔离淘汰病鸭为主要措施。鸭群中若发现有番鸭呼肠孤病毒病例时，每天要及时地把病鸭和死鸭挑出来进行淘汰处理，防止本病在早期大面积扩散，同时在饮水中可加一些黄芪多糖、抗病毒中药（如黄连）以及一些护肝药品（如多种维生素、葡萄糖等），还应配合使用一些广谱抗生素（如氟苯尼考、阿莫西林）治疗或／和预防细菌的继发感染。关节炎的治疗，肌内注射阿莫西林、地塞米松、氨基比林以及禽干扰素等药物，可加快关节炎病鸭的早期康复，同时配合口服氟苯尼考、阿莫西林等抗菌药物。

【注意事项】在临床上要注意与禽巴氏杆菌病、鸭沙门氏菌病以及鸭传染性浆膜炎、鸭大肠杆菌病进行鉴别诊断。

雏番鸭细小病毒病

雏番鸭细小病毒病是由细小病毒引起雏番鸭的一种急性传染病，俗称三周病。其发病特点是具有高度发病率与死亡率，病理变化特征是纤维素性浮膜性肠炎，胰脏呈点状坏死。目前该病毒只引起雏番鸭发病。

【病原】番鸭细小病毒含单股线状DNA，病毒粒子呈圆形或六边形，直径24～25纳米，无囊膜。该病毒能在番鸭胚和鹅胚中繁殖，并引起胚胎死亡，能抵抗乙醚、胰蛋白酶、酸和热，但对紫外线辐射敏感。

【典型症状与病变】本病多发生于7～21天，病鸭表现沉郁，废食，喘气，下痢，脱水，消瘦，衰竭，迅速死亡，病程1～2天，死亡率达到50%以上，耐过鸭常成为僵鸭。剖检见肠道外观膨大（图60）、硬实，黏膜脱落，肠管内可见大量炎性渗出物，严重病例形成假性栓子（图61）；胰脏苍白、充血、出血及有灰白色点状坏死（图62）。

图60 雏番鸭细小病毒病

肠道膨大，质感硬实。（张济培）

图61 雏番鸭细小病毒病

肠腔的灰白色栓状物。（张济培）

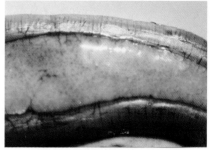

图62 雏番鸭细小病毒病

胰腺充血、出血，散在有灰白色坏死点。（张济培）

【诊断要点】根据本病主要发生于1月龄以内的雏番鸭及特征症状与病理变化可做出初步诊断。确诊需进行病原的分离与鉴定。

【防治措施】①严格消毒措施。②做好免疫预防接种。种鸭在开产前15～30天，肌内注射雏番鸭细小病毒病－小鹅瘟二联弱毒疫苗2～3头份/只，同时注射雏番鸭细小病毒病－小鹅瘟二联油乳剂灭活疫苗1毫升/只，使其所产雏鸭获得良好的被动免疫保护力。雏番鸭，1～3日龄经皮下注射雏番鸭细小病毒病－小鹅瘟二联弱毒疫苗1～2头份/只，或用高免卵黄抗体皮下注射0.5毫升/只。③发病时，早期注射雏番鸭细小病毒病－小鹅瘟高免卵黄抗体或高免血清，1毫升/只。同时适当使用一些抗菌药物及清热解毒的中草药，添加适量的维生素、微量元素、葡萄糖等营养物质，供给充足的清洁饮水，能收到较好的效果。

【诊疗注意事项】雏番鸭除能感染番鸭细小病毒外，也可以感染鹅细小病毒（小鹅瘟），两者在临床症状与病理变化上基本相同，鉴别诊断需进行实验室诊断。

番鸭小鹅瘟病毒病

番鸭小鹅瘟病毒病是由小鹅瘟病毒引起雏番鸭发生以拉稀和小肠形成肠栓塞为特征的一种传染病。在自然条件下只有雏番鸭和雏鹅发生本病。发病日龄常见于5～25日龄，日龄越大易感性越低，一个月龄以上的番鸭也偶尔发病。发病后死亡率可高达70%～90%，病程可持续7～10天。本病无明显的季节性，但以冬季和早春多见。

【病原】小鹅瘟病毒在电镜下呈晶格排列，有实心和空心两种病毒粒子，直径24～25纳米，无囊膜，正二十面体对称，核酸为单链DNA，病毒无血凝特性，能抵抗乙醚、胰蛋白酶、酸和热，但对紫外线敏感。

【典型症状与病变】病鸭主要表现为精神委顿，食欲减少或废绝；水样腹泻，呈黄白色或淡黄绿色，最后衰竭而死亡。剖检见腺胃和肌胃出血，两者交界处出现糜烂或/和溃疡。肠道外观肿胀，十二指肠黏膜充血、出血。小肠和盲肠可见肠黏膜脱落与肠纤维素性渗出物凝固形成的特征性肠栓（如香肠样），阻塞整个肠道（图63）。

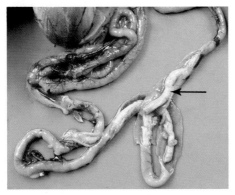

图63　番鸭小鹅瘟病毒病

小肠内形成腊肠样阻塞物（↑）。（江斌）

【诊断要点】根据流行病学、症状与特征性肠栓可做出初步诊断。确诊可取病死鸭的心脏、肝脏、脾脏、肾脏等病料进行病毒的分离与鉴定。

【防治措施】预防，对1～2日龄的雏番鸭注射小鹅瘟病毒疫苗进行预防免疫接种。若雏番鸭的母源抗体较高（种鸭开产前有免疫），免疫注射时间可推迟到6～9日龄。对于不知雏番鸭免疫状况的情况下，可于10日龄左右注射小鹅瘟高免血清或高免卵黄抗体进行预防。此外，加强雏番鸭早期的饲养管理对预防本病也有一定作用。

治疗方面，一旦发病，尽快把病鸭和假定健康鸭分开饲养，并及时注射小鹅瘟病毒高免血清或高免卵黄抗体（每羽注射1～1.5毫升，连用2～3天）。同时配合肠道广谱抗生素（如硫酸庆大霉素）或抗病毒中药（如黄连等）进行拌料或饮水，以提高治疗效果。

【注意事项】临床上需与番鸭细小病毒病进行鉴别诊断。本病无呼吸道张口呼吸症状，发病日龄也较番鸭细小病毒病略早。同时临床上也应要注意这两个病存在混合感染的可能性。

鸭禽流感

鸭禽流感即鸭流行性感冒，是由正黏病毒科流感病毒属A型流感病毒高致病性毒株引起的高致死性烈性传染性疾病。H5N1亚型流感毒株对各种日龄和各种品种的鸭群均具有高度致病性，雏鸭、番鸭发病率可高达100%，死亡率也可达90%以上，产蛋种鸭发病率近100%，产蛋率严重下降，蛋质量差，易继发其他疾病感染，死亡率40%～80%。本病可通过呼吸道、消化道及损伤皮肤和眼结膜等途径传播。

【病原】A型流感病毒的病毒粒子多呈球状或丝状，直径80～120纳米，表面覆盖有血凝素（HA）和神经氨酸酶（NA）两种表面抗原。病毒存在于病禽所有组织、体液、分泌物和排泄物中，对低温和干燥的抵抗力强，对紫外线敏感，一般消毒剂可杀灭病毒。

【典型症状和病变】患鸭腿软无力，眼鼻流液，多有呼吸道症状，排白色或带淡黄绿色水样稀粪，鸭蹼充血、出血。剖检见皮下充血，伴有散在性出血点。特征性病变见于胰腺和心肌。胰腺充血、出血，散在有灰白色坏死点（图64）；心包常见积液，心肌颜色变淡，见有灰白色条状坏死（图65至图67），心内膜有条状出血。

图64　鸭禽流感

胰腺灰白色坏死灶。（刘思当）

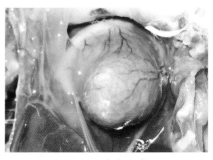

图65　鸭禽流感

心肌坏死，心包积液。（刘思当）

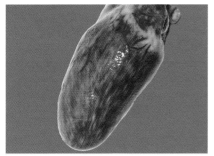

图66　鸭禽流感

心肌条纹状坏死（虎斑心）。（刘思当）

图67　鸭禽流感

心肌条纹状坏死（虎斑心）。（刘思当）

【诊断要点】根据流行病学、典型症状与病变可做出初步诊断。病变以胰腺灰白色坏死点、心肌灰白色条状坏死最具特征。值得注意的是免疫鸭群发病已呈非典型化趋势，加之并发细菌感染或混合性病毒感染，并且与禽的许多疾病症状相似，必须根据病毒分离鉴定与血清学试验结果方可作出确诊。

【防治措施】禽流感属动物A类传染性疾病，一旦发现可疑病例，确诊前可先投服抗病毒性药物和预防细菌继发感染的药物（如环丙沙星和阿莫西林），应迅速上报畜牧兽医行政主管部门，尽快做出确切诊断，一旦确诊，对疫区采取严格的隔离、封锁、扑杀、消毒、焚烧等综合防制措施，做到"早、快、严"，使疫情得以扑灭。

平时加强免疫是防制该病的根本方法，商品肉鸭在5～7日龄时颈部皮下免疫接种H5油苗；商品蛋鸭在5～7日龄时颈部皮下接种H5油苗首免，50日龄进行二免，在产蛋前进行三免；种鸭群除参考商品蛋鸭的免疫程序外，开产高峰后3个月再加强免疫一次。另外，完善的生物安全体系、注意卫生消毒、加强饲养管理是防治该病的重要措施。

【诊疗注意事项】临床上注意与鸭瘟、雏鸭传染性肝炎作鉴别诊断。

鸭副黏病毒病

鸭副黏病毒病是由鸭I型副黏病毒引起的以消化道和呼吸道病变为特征的传染病，又称鸭新城疫。本病对番鸭、半番鸭均有致病性，其中番鸭相对较敏感。肉鸭发病日龄在8～30，日龄越小，发病越严重。中大鸭病情相对较轻，往往变为隐性感染。本病对产蛋鸭也有一定致病性，可导致产蛋性能下降。本病一年四季均可发生，但以冬、春季节多见。发病率可达50%，死亡率20%～30%。

【病原】副黏病毒大多呈球形，有囊膜，核衣壳螺旋状对称，核酸为单股线状RNA。在粪便和组织中的病毒可保持传染性达数月之久，常用消毒剂即可将其杀灭。

【典型症状与病变】病初病鸭食欲减少，羽毛松乱，饮水增加，缩颈，两腿无力。早期拉白色稀粪，中期粪便可转为红色，后期则呈绿色或黑色。部分病鸭出现呼吸困难、甩头、口中有黏液蓄积。有些病鸭出现转圈或头向后仰等神经症状（图68）。在产蛋鸭可出现产蛋率下降和蛋品质下降等症状。

剖检见口腔有多量黏液，喉头斑点状出血，食管黏膜有灰白色或淡黄色结痂，腺胃与肌胃交界处出血（图69），腺胃黏膜脱落，乳头轻微出血；十二指肠、空肠和回肠出血，可见不同形状、不同大小的溃疡灶。肝脏、脾脏肿大，表面有大小不等的白色坏死灶；胰腺也见白色坏死点。产蛋鸭可出现卵巢卵泡变性、输卵管炎症以及卵黄性腹膜炎等病变。

图68　鸭副黏病毒病
神经症状。（江斌）

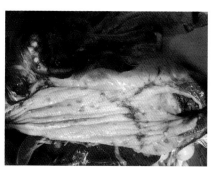

图69　鸭副黏病毒病
腺胃和肌胃交界处出血。（江斌）

【诊断要点】根据典型症状与病变可做出初步诊断，确诊需做病毒的分离和鉴定。

【防治措施】对发生过本病的鸭场可试用鸭副黏病毒灭活疫苗或鸡新城疫灭活疫苗进行免疫接种，每只0.5毫升，有一定预防效果。同时加强饲养管理和消毒，并及时地做好其他相关疫病的免疫接种。

本病无特效的治疗药物。据报道，用本病的高免卵黄抗体和抗病毒中药进行治疗有一定的效果。同时，本病易并发大肠杆菌病，在治疗过程中可适当地配合广谱抗生素（如氟苯尼考、恩诺沙星等），以提高治疗效果。

【注意事项】临床上需与鸭禽流感、番鸭细小病毒病、鸭黄病毒病做鉴别诊断。

鸭黄病毒病

自2010年4月以来，全国大范围暴发了新的鸭病，一年的经济损失超过50亿元。曾被怀疑为禽流感、产蛋下降综合征和新城疫等，并采取注射不同禽流感亚型疫苗，鸡新城疫疫苗等防控措施，但效果不佳。后经病毒分离、鉴定，确定该病为一种在家禽生产上发生的新病，并命名为黄病毒病。该病最早于2010年4月发生于浙江，之后在福建、广东、广西、安徽、江西、江苏、山东、河南、河北和北京等地发生。不同年龄鸭、鹅均可感染发病，鸡也有感染的报道。发病情况，一般是鸭舍中的一栏或少数几栏鸭首先出现采食和产蛋量下降，1～2天后发展到整栋鸭舍，并迅速蔓延至鸭场的其他栋舍，因此可以认为是水平传播，特别是经呼吸道感染是本病的重要传播途径。然而，黄病毒属的大部分成员可经虫媒传播，故不排除该病毒可通过吸血昆虫，特别是蚊虫和蜱等的叮咬而传播。

【病原】黄病毒属于黄病毒科的黄病毒属，目前已确定有53个种，各个种又包括不同的亚型或血清型(图70)，故该属成员已超过70多个，可感染多种动物和人并引起发病，成为重要的人兽共患病病原，不仅严重危害畜牧业生产，而且对公共卫生安全也构成严重的威胁。

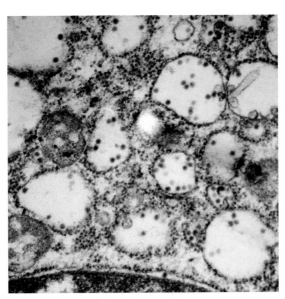

图70　鸭黄病毒病

感染细胞内质网中完整的病毒粒子。(苏敬良)

【**典型症状与病变**】蛋（种）鸭采食量大幅下降，一般减少50%以上，高的达90%，随后产蛋率迅速下降50%以上，部分可由90%降为10%，甚至绝产，但蛋壳质量变化不明显，死亡率5%左右，高的可达15%。发病期间种蛋受精率下降10%。该病病程为1～1.5个月，可自行逐渐恢复。绿色粪便逐渐减少，产蛋率也缓慢上升，状况较好的鸭群，尤其是刚开产和产蛋高峰期鸭群，多数可恢复到发病前水平，但老鸭一般恢复缓慢且难以恢复到原来水平。种鸭恢复后期多数表现一个明显的换羽过程。

肉鸭18～28日龄开始发病，采食量大幅下降甚至食欲废绝，排泄白色稀便，1天后转为绿色稀便，死亡率一般在30%左右，高的达55%。流行后期有神经症状，表现瘫痪、行走不稳等。流行后期多伴有继发感染。

剖检，卵巢病变是黄病毒病的主要特征，表现为卵泡充血、出血、变性，甚至萎缩（图71至图73）；脾脏呈大理石样，极度肿大，甚至破裂；肝脏肿大，色发黄；心肌苍白，出现灰白色条索状坏死灶，常见心内膜出血，有的病例外膜也见出血；胰腺充血或出现点状坏死（图74至图78）。镜下，可见卵巢出血，卵泡发育停止、闭锁或崩解，并有大量大小不等的圆形或颗粒状红染小体，充满已崩解的卵泡或间质内（图79）；多个脏器浆膜可见与卵巢所见相同的红染小体。部分病例脑组织见小胶质细胞增生灶，蛛网膜下充血、炎性细胞浸润（图80）。

图71　鸭黄病毒病

卵泡充血、出血。（苏敬良）

图72　鸭黄病毒病

卵泡严重出血和变性。（苏敬良）

图73　鸭黄病毒病

卵泡重度变性、萎缩。（苏敬良）

图74　鸭黄病毒病

肝脏肿大、色黄。（岳华，汤承）

图75　鸭黄病毒病

脾脏、肾脏肿大呈花斑状。（岳华，汤承）

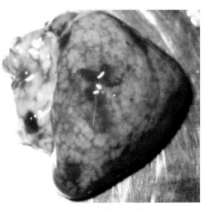

图76　鸭黄病毒病

脾脏肿大呈大理石样。（岳华，汤承）

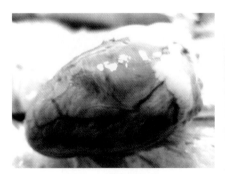

图77　鸭黄病毒病

心肌色淡，出现灰白色条索状坏死灶。
（岳华，汤承）

图78　鸭黄病毒病

胰腺充血并见灰白色点状坏死。（岳华，
汤承）

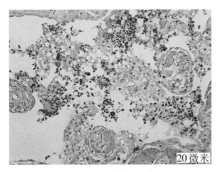

图79 鸭黄病毒病

卵泡破裂，见有大量颗粒状红染小体。
（HE×400）（苏敬良）

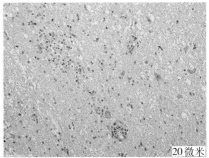

图80 鸭黄病毒病

脑组织胶质细胞增生结节。（HE×200）
（苏敬良）

【诊断要点】依据产蛋量下降和卵巢病变，结合流行病学特征可做出初步诊断，确诊需做病毒分离、鉴定。

【防治措施】目前尚无有效的治疗和免疫预防制剂。治疗可采取适当的支持性治疗，在饮水中添加一定量的复合维生素，同时可在饮水中添加一定量的抗生素，防止细菌继发感染。感染鸭群经过适当的支持性治疗后，采食量逐渐恢复，产蛋量也随即逐渐恢复。

预防上应加强管理，改善鸭舍的饲养环境，降低饲养密度，保证鸭舍的温度、湿度和合理通风。

鸭巴氏杆菌病

鸭巴氏杆菌病又称禽霍乱，是由多杀性巴氏杆菌引起的一种接触性传染病。常表现为一种急性败血性疾病，具有极高的发病率和死亡率。本病的流行无明显的季节性，各种日龄的鸭均可发病，一般1月龄以内的鸭发病率高。

【病原】多杀性巴氏杆菌为卵圆形的短小杆菌，大小为（0.2～0.4）微米×（0.6～2.4）微米，革兰氏染色阴性，无鞭毛，不能运动，不形成芽孢。在组织、血液和新分离培养物中的菌体呈两极染色，有荚膜。

【典型症状与病变】临床上急性型多见，以突然发病、下痢、败血症及高死亡率为特征。病变特征为全身浆膜、黏膜点状出血（图81），局灶性坏死性肝炎和脾炎（图82至图92）、出血性十二指肠炎（图93至

图95），心外膜、心冠状沟密集出血斑点（图96至图98），肺脏瘀血、水肿（图99和图100）。慢性型以关节炎为主要特征（图101至图104）。

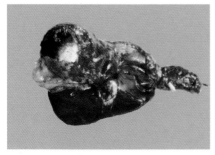

图81　鸭巴氏杆菌病

浆膜出血呈斑点状。（崔恒敏）

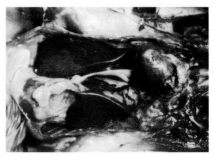

图82　鸭巴氏杆菌病

肝肿大，表面密布大量针尖大小的灰黄色坏死灶。（崔恒敏）

图83　鸭巴氏杆菌病

肝肿大，表面密布大量针尖大小的灰黄色坏死灶，心外膜出血。（崔恒敏）

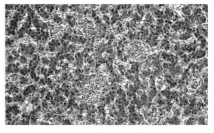

图84　鸭巴氏杆菌病

肝瘀血。（HE×200）（崔恒敏）

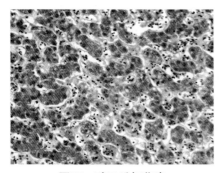
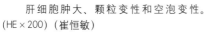

图85　鸭巴氏杆菌病

肝细胞肿大、颗粒变性和空泡变性。（HE×200）（崔恒敏）

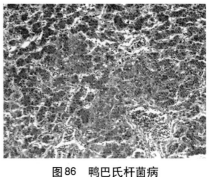

图86　鸭巴氏杆菌病

肝小叶内的坏死灶。（HE×200）（崔恒敏）

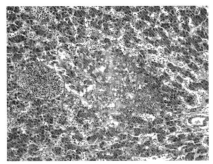

图87　鸭巴氏杆菌病

肝小叶内的坏死灶，坏死灶内可见蓝染的细菌团块。(HE×200)（崔恒敏）

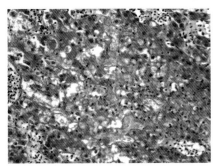

图88　鸭巴氏杆菌病

图87的放大，示坏死灶内的蓝染细菌团块。(HE×400)（崔恒敏）

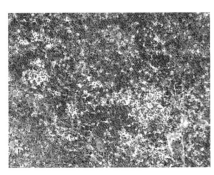

图89　鸭巴氏杆菌病

脾脏红髓充血、出血。(HE×200)（崔恒敏）

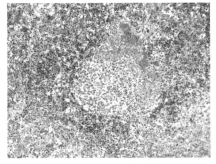

图90　鸭巴氏杆菌病

脾脏白髓淋巴细胞显著减少。(HE×200)（崔恒敏）

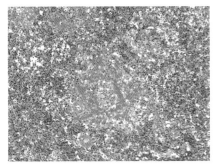

图91　鸭巴氏杆菌病

脾脏白髓坏死。(HE×400)（崔恒敏）

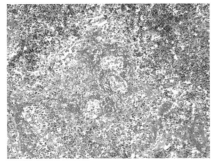

图92　鸭巴氏杆菌病

脾髓组织的坏死灶。(HE×200)（崔恒敏）

27

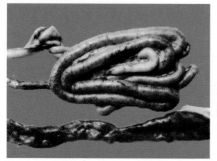

图93 鸭巴氏杆菌病

肠浆膜充血、出血。十二指肠黏膜肿胀、出血。（崔恒敏）

图94 鸭巴氏杆菌病

肠道斑点状出血。（胡薛英）

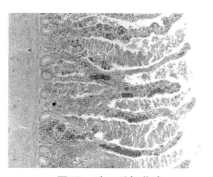

图95 鸭巴氏杆菌病

肠黏膜上皮细胞变性、坏死、脱落，肠绒毛毛细血管充血。（HE×100）（崔恒敏）

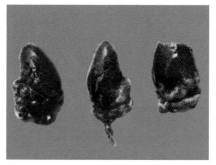

图96 鸭巴氏杆菌病

心外膜的出血斑点。（崔恒敏）

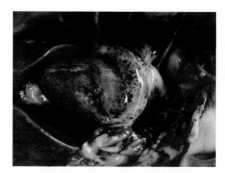

图97 鸭巴氏杆菌病

心外膜和心冠脂肪出血点。（胡薛英）

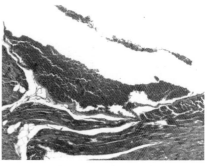

图98 鸭巴氏杆菌病

心外膜出血。（HE×200）（崔恒敏）

图99 鸭巴氏杆菌病

肺水肿。（胡薛英）

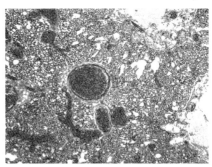

图100 鸭巴氏杆菌病

肺脏瘀血。（HE×200）（崔恒敏）

图101 鸭巴氏杆菌病

病鸭左侧跗关节肿大。（苏敬良）

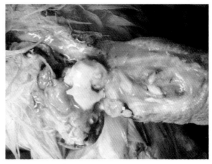

图102 鸭巴氏杆菌病

跗关节腔见有少量干酪样渗出物。（苏敬良）

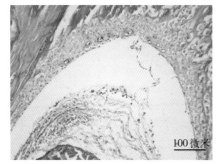

100微米

图103 鸭巴氏杆菌病

关节腔扩张，内含大量渗出物。（HE×200）（苏敬良）

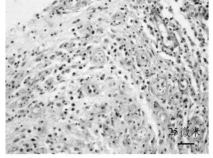

25微米

图104 鸭巴氏杆菌病

关节腔内的炎性渗出物，主要由浆细胞、异嗜性细胞和纤维素组成。（HE×400）（苏敬良）

【诊断要点】根据典型剖检病变即可做出初步诊断。确诊需作细菌的分离鉴定。

【防治措施】①加强饲养管理，严格消毒制度。②做好免疫预防接种。③发病后在饲料中拌入0.5%～10%的磺胺噻唑或磺胺二甲基嘧啶；或肌内注射20%的磺胺噻唑钠每千克体重0.5毫升或20%的磺胺二甲基嘧啶注射液，每天2次，连用3～5天。肌内注射土霉素每千克体重25毫克或口服40毫克，每天1次，连用3～4天。

【诊治注意事项】临床上注意与鸭瘟作鉴别诊断。

鸭疫里默氏杆菌病

鸭疫里默氏杆菌病又称鸭传染性浆膜炎，是由鸭疫里默氏杆菌引起的鸭的一种急性或慢性败血性传染病。本病主要侵害1～8周龄的小鸭，一年四季都可发病，尤以冬、春季节最易发生，是造成小鸭死亡最严重的传染病之一。

【病原】鸭疫里默氏杆菌为革兰氏阴性短杆菌，不形成芽孢，无运动性，瑞氏染色两极着染稍深（图105），该菌共有21个血清型。

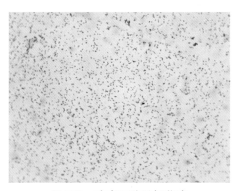

图105　鸭疫里默氏杆菌病
鸭疫里默氏杆菌的菌体形态。（岳华，汤承）

【典型症状与病变】病鸭缩颈流泪（图106），常呈犬坐姿势，进而出现共济失调。剖检变化以纤维素性心包炎、肝周炎或气囊炎为特征（图107和图108）。此外，还见胸腺和法氏囊萎缩，脾脏肿大（图109）。

图106　鸭疫里默氏杆菌病

病鸭眼周围羽毛粘连脱落。(崔恒敏)

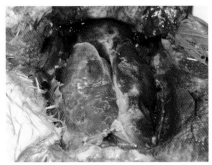

图107　鸭疫里默氏杆菌病

纤维素性肝周炎。(崔恒敏)

图108　鸭疫里默氏杆菌病

纤维素性心包炎。右为正常对照。(崔恒敏)

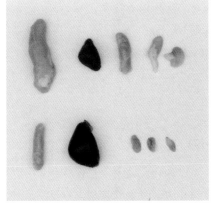

图109　鸭疫里默氏杆菌病

法氏囊和胸腺萎缩,脾脏肿大、瘀血。上为正常对照。(崔恒敏)

　　镜下变化主要表现为心外膜增厚,纤维素渗出和炎性细胞浸润(图110和图111);肝细胞肿大,空泡变性和脂肪变性(图112);大脑呈化脓性脑膜炎(图113至图115);肺脏瘀血、水肿(图116);肾小管间水肿、充血、出血(图117);胸腺淋巴细胞明显减少,胸腺小体坏死(图118);脾髓淋巴细胞明显减少,异嗜性粒细胞浸润(图119);法氏囊淋巴滤泡淋巴细胞显著减少,间质疏松水肿,黏膜上皮变性、脱落(图120);胰腺外分泌腺泡空泡变性(图121)。

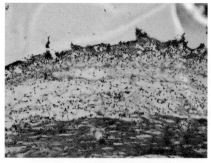

图110　鸭疫里默氏杆菌病

心外膜显著增厚，纤维素渗出和炎性细胞浸润。(HE×200)（崔恒敏）

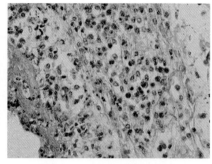

图111　鸭疫里默氏杆菌病

图110的放大，示浸润的异嗜性粒细胞、单核细胞和淋巴细胞。(HE×400)（崔恒敏）

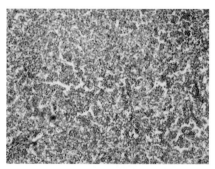

图112　鸭疫里默氏杆菌病

肝细胞肿大、空泡变性和脂肪变性。(HE×200)（崔恒敏）

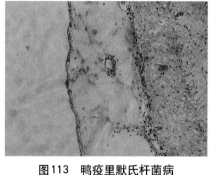

图113　鸭疫里默氏杆菌病

大脑软脑膜水肿增厚。(HE×200)（崔恒敏）

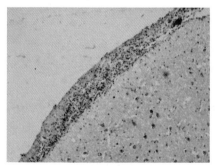

图114　鸭疫里默氏杆菌病

化脓性脑膜炎。(HE×200)（崔恒敏）

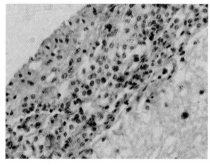

图115　鸭疫里默氏杆菌病

图114的放大，示浸润的异嗜性粒细胞、淋巴细胞和单核细胞。(HE×400)（崔恒敏）

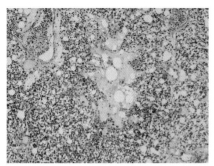

图116　鸭疫里默氏杆菌病

肺脏瘀血、水肿。(HE×200)（崔恒敏）

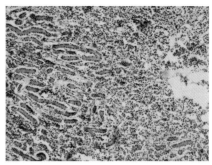

图117　鸭疫里默氏杆菌病

肾小管间水肿、充血、出血。(HE×200)
（崔恒敏）

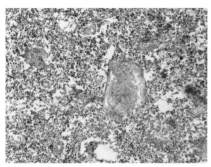

图118　鸭疫里默氏杆菌病

胸腺小叶淋巴细胞明显减少，胸腺小体坏
死。(HE×200)（崔恒敏）

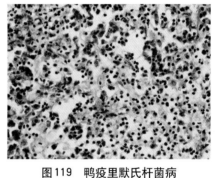

图119　鸭疫里默氏杆菌病

脾髓淋巴细胞明显减少，多量异嗜性粒细
胞浸润。(HE×400)（崔恒敏）

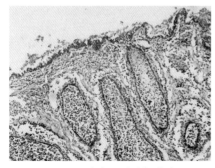

图120　鸭疫里默氏杆菌病

法氏囊淋巴滤泡淋巴细胞显著减少。
(HE×200)（崔恒敏）

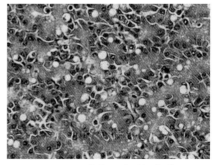

图121　鸭疫里默氏杆菌病

胰腺外分泌腺泡空泡变性。(HE×400)
（崔恒敏）

【诊断要点】根据该病典型的剖检病理变化，结合临床症状和流行病学特点，可做出初步诊断。确诊需进行细菌的分离鉴定。

【防治措施】保持良好的育雏环境、合理的饲养密度和适宜的温度，注意通风良好，防止潮湿，勤换垫草，采用"全进全出"的饲养方法。做好免疫预防接种。发病后可用抗生素类药物进行治疗，预先作药敏试验，选用敏感的抗菌药物。

【诊疗注意事项】临床上注意与鸭大肠杆菌病和衣原体感染等疫病作鉴别诊断。

鸭大肠杆菌病

鸭大肠杆菌病是由大肠杆菌的某些血清型所引起的一类疾病的总称。各种日龄的鸭均可感染，以幼鸭最易感，发病季节以秋末和冬春多见。本病既可原发，也常作为某些传染病的并发或继发性疾病。

【病原】大肠杆菌是革兰氏阴性杆菌，有鞭毛，无芽孢，需氧或兼性厌氧，生化反应活泼、易于在普通培养上增殖，适应性强（图122和图123）。本菌对一般消毒剂敏感，对抗生素及磺胺类药等极易产生耐药性。

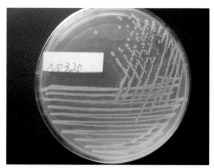

图122 鸭大肠杆菌病

大肠杆菌的菌落形态。（岳华，汤承）

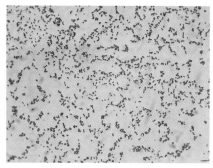

图123 鸭大肠杆菌病

大肠杆菌的菌体形态。（岳华，汤承）

【典型症状与病变】本病多见于2～9周龄的鸭，临床症状多样，主要表现为喜卧，排白色、黄绿色或绿色稀便，肛周羽毛常被污染

（图124）。剖检常见肝脏肿大、色黄和出血（图125）；心包积液或纤维素性心包炎、气囊炎、肝周炎（图126至图129）。雏鸭可见脐带炎，脐孔周围皮肤发炎，闭合不全，卵黄吸收不良（图130）；产蛋鸭可见卵巢炎、卵黄性腹膜炎、输卵管炎，严重者输卵管内有干酪样坏死物（图131和图132）。局部感染还可造成肉芽肿及皮下蜂窝织炎（图133）。

图124　鸭大肠杆菌病

病鸭腹泻。（岳华，汤承）

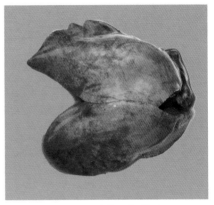

图125　鸭大肠杆菌病

肝脏肿大、色黄、出血。（岳华，汤承）

图126　鸭大肠杆菌病

肝脏肿大、瘀血，心包积液。（岳华，汤承）

图127　鸭大肠杆菌病

纤维素性心包炎和纤维素性肝周炎。（胡薛英）

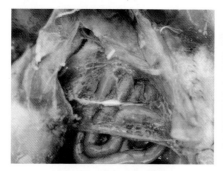

图128　鸭大肠杆菌病

纤维素性气囊炎。（胡薛英）

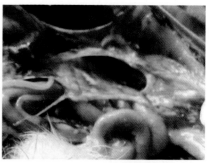

图129　鸭大肠杆菌病

纤维素性气囊炎。（岳华，汤承）

图130　鸭大肠杆菌病

雏鸭脐孔周围皮肤红肿、发炎。（岳华，汤承）

图131　鸭大肠杆菌病

产蛋鸭卵巢炎，卵泡变形、破裂。（岳华，汤承）

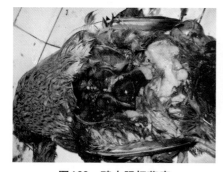

图132　鸭大肠杆菌病

卵泡充血、出血，腹腔内有血性渗出物。（岳华，汤承）

图133　鸭大肠杆菌病

腿部皮下蜂窝织炎。（岳华，汤承）

【诊断要点】根据流行病学资料及气囊炎、肝周炎、心包炎、卵黄性腹膜炎等典型的病理剖检变化可做出初步诊断。确诊需进行大肠杆菌的分离鉴定。

【防治措施】禽大肠杆菌病血清型众多，疫苗免疫效果不理想。应加强饲养管理，定期消毒，消除本病诱因，如饲养密度过大、通风不良等，可有效降低本病发病率。发病鸭群可用广谱抗菌药物如氟苯尼考、新霉素、磺胺、诺氟沙星等进行治疗。

【诊疗注意事项】本病临床表现复杂，注意与鸭疫里默氏杆菌病的鉴别诊断。若为并发或继发症，应在治疗大肠杆菌病的同时，积极治疗原发病或并发病。因耐药菌株的普遍存在，最好根据药敏试验结果确定用药，才能取得满意疗效。

鸭 副 伤 寒

鸭副伤寒是由沙门氏菌引起的雏鸭急性传染病，主要危害1月龄内的幼鸭，雏鸭常易发生败血症而出现大批死亡，成鸭则为慢性或隐性感染。

【病原】沙门氏菌为革兰氏阴性、不产生芽孢的杆菌，大小一般为（0.4～0.6）微米×（1～3）微米。沙门氏菌可存在于未吸收的鸭卵黄囊、心血、肝脏、脾脏、盲肠以及肠道等处，对热及多数常用消毒剂都很敏感，石炭酸和甲醛对其有较强的杀伤力。

【典型症状与病变】卵内或孵化器内感染者多在1周内死亡。最急性经过的雏鸭，一般看不到症状突然死亡；病程稍长可见病鸭精神不振，被毛逆立，排白色水样粪便（图134）。剖检时主要表现为肝肿大，色暗红与黄白相间，并散在有灰白色坏死点或出血点（图135至图137），或见肝周炎（图138）；肠道黏膜出血、坏死（图139），盲肠膨大、内有干酪样栓子；肾脏、肺脏出血（图140），心包炎（图141和图142），脾脏呈斑驳状（图143）；卵黄吸收不良。

图134 鸭副伤寒

病鸭排白色稀便，肛周羽毛被污染。（岳华，汤承）

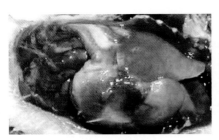

图135　鸭副伤寒

肝脏色黄，卵黄吸收不良。（岳华，汤承）

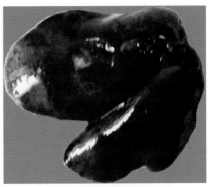

图136　鸭副伤寒

肝脏暗红色与黄白色相间，且见出血点。
（岳华，汤承）

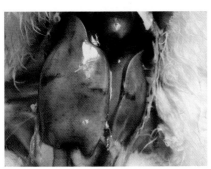

图137　鸭副伤寒

肝脏的出血斑点。（胡薛英）

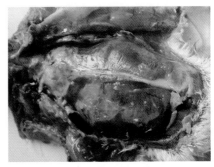

图138　鸭副伤寒

肝周炎。（胡薛英）

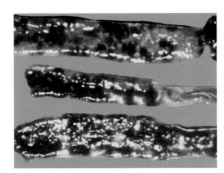

图139　鸭副伤寒

肠黏膜出血、坏死。（岳华，汤承）

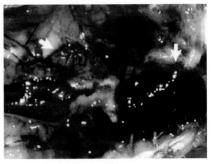

图140　鸭副伤寒

肾脏、肺脏肿大、出血。（岳华，汤承）

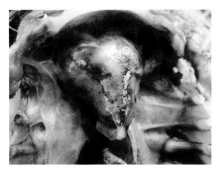

图141 鸭副伤寒

心包炎。(胡薛英)

图142 鸭副伤寒

心包炎。(胡薛英)

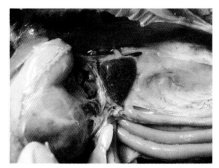

图143 鸭副伤寒

脾脏呈花斑状。(胡薛英)

【诊断要点】根据病鸭的年龄及肝脏和盲肠的特征病变可做出初步诊断。确诊需作细菌的分离鉴定。

【防治措施】加强饲养管理，定期消毒；加强种鸭沙门氏菌的检疫和种蛋的消毒。发病鸭群可用广谱抗菌药物如氟苯尼考、新霉素、诺氟沙星等进行治疗。

【诊疗注意事项】由于耐药菌株的普遍存在，最好根据药敏试验结果确定用药，才能取得满意疗效。

鸭链球菌病

鸭链球菌病是鸭的一种急性败血性或慢性传染病，雏鸭与成年鸭均可感染。本病无明显的季节性，一般发病率和死亡率均不太高。

【病原】鸭链球菌圆形或卵圆形，常排列呈链状，革兰氏阳性，多数无鞭毛，溶血直径0.5～1.0微米，在自然界分布广泛。解没食子酸链球菌巴氏亚种属于解没食子酸链球菌种，该菌为革兰氏染色阳性球菌，也呈链状排列（图144）。

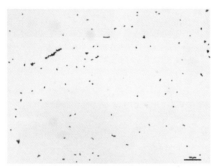

图144　鸭链球菌病

鸭链球菌形态。（胡薛英）

【典型症状与病变】临床上表现为急性和亚急性/慢性两种病型。急性病程1～5天，主要表现为败血症症状，病禽腹泻，濒死期见有痉挛症状或角弓反张。剖检见肝脏肿大、变性（图145）、脾脏坏死、心肌出血（图146），纤维素性心包炎、肝周炎、气囊炎及心内膜炎。亚急性/慢性型可表现为多种形式，以肠道出血多见（图147和图148）。

图145　鸭链球菌病

肝脏肿大、淡黄色。（谷长勤）

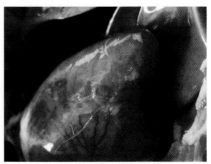

图146　鸭链球菌病

心肌出血斑。（谷长勤）

图147　鸭链球菌病

盲肠出血。（谷长勤）

图148　鸭链球菌病

小肠局灶性增粗，肠壁出血。（谷长勤）

　　解没食子酸链球菌巴氏亚种感染：多发生于2～3周龄雏鸭，对雏鸭的致死率很高。病鸭表现腹泻，排黄绿色稀粪。病程略长的病鸭表现头颈震颤、头向后背、不能站立等神经症状，有流泪现象（图149和图150）。剖检可见脾脏肿大，表面有白色不规则形状的病灶；有的病例见心包增厚，心包液增多，严重的心包膜与心肌粘连；肝脏表面有白色絮状物覆盖；脑表面血管扩张、充血（图151至图155）。病理组织学检查，脾脏呈凝固性坏死，脑膜脑炎及间质性心肌炎（图156至图159）。感染雏鸭脾脏、肝脏和肾脏均可见大量细菌团块（图160至图162）。电镜下，脾脏巨噬细胞内见有双球状排列的细菌（图163）。

图149　鸭链球菌病

感染雏鸭眼流泪，头颈后背，不能站立。（胡薛英）

图150　鸭链球菌病

感染雏鸭瘫痪，头颈扭转。（胡薛英）

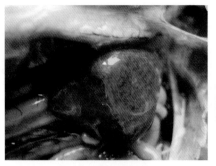

图151　鸭链球菌病

脾脏肿大，表面见圆形、灰白色坏死灶。
（胡薛英）

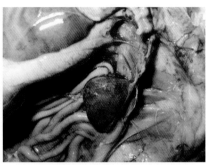

图152　鸭链球菌病

脾脏表面见灰白色坏死灶。（胡薛英）

图153　鸭链球菌病

心包增厚，呈纤维素性心包炎。（胡薛英）

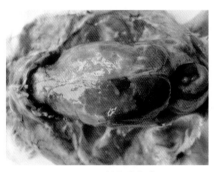

图154　鸭链球菌病

肝脏表面附着灰白色纤维素性膜状物。
（胡薛英）

图155　鸭链球菌病

脑表面血管扩张、充血。（胡薛英）

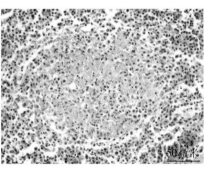

图156　鸭链球菌病

脾脏白髓区呈凝固性坏死。（HE×400）
（胡薛英）

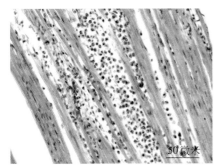

图157　鸭链球菌病

心肌纤维间大量异嗜性粒细胞浸润。
（HE×400）（胡薛英）

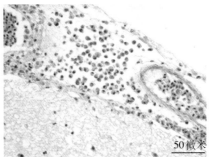

图158　鸭链球菌病

心肌纤维间大量异嗜性粒细胞浸润。
（HE×400）（胡薛英）

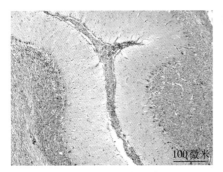

图159　鸭链球菌病

小脑脑膜增厚，炎性细胞浸润。
（HE×200）（胡薛英）

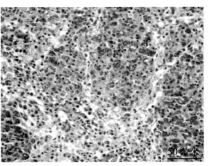

图160　鸭链球菌病

脾脏白髓区巨噬细胞吞噬大量细菌团
块。（HE×400）（胡薛英）

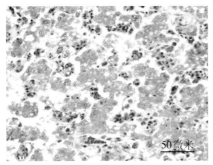

图161　鸭链球菌病

肝脏肝窦内可见大量的细胞团块。
（HE×400）（胡薛英）

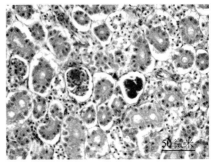

图162　鸭链球菌病

肾脏肾小球内有细菌团块。（HE×200）
（胡薛英）

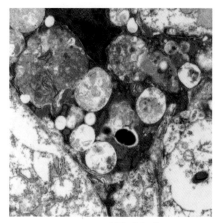

图163　鸭链球菌病

脾脏巨噬细胞内呈双球状排列的细菌。

（胡薛英）

【诊断要点】在临床症状和剖检病变观察的基础上，需结合细菌的分离鉴定方能做出诊断。

【防治措施】发病鸭及可疑鸭用恩诺沙星饮水，按0.005%浓度配制，连用3～5天；或每天肌内注射硫酸庆大霉素115万单位/羽，连用5天；或用磺胺嘧啶拌料，按0.02%浓度拌料饲喂，连用3～5天。

本病目前尚无疫苗，防制措施的关键是减少应激因素的影响，精心饲养、加强管理，搞好卫生消毒措施，消除一切可能出现或存在的应激因素，防止诱发本病。

【注意事项】平时应适当合理地进行药物预防，为防止细菌产生耐药性，可根据药敏试验结果选取2种以上高敏药物交替使用。临床上注意与鸭大肠杆菌病、传染性浆膜炎等疫病作鉴别诊断。

鸭葡萄球菌病

鸭葡萄球菌病是由金黄色葡萄球菌感染引起的一种急性或慢性传染病，主要表现为皮肤疾患、关节炎、脐炎，可造成病鸭死亡，是鸭的一种常见病。本病可发生于雏鸭（主要通过脐感染），也可发生于中大鸭和种鸭。传播途径主要是通过皮肤外伤（如铁丝网、垫料、围栏等）。此外，鸭舍潮湿、鸭营养不良等因素均可诱发本病的发生。

【病原】典型的金黄色葡萄球菌是革兰氏阳性球菌（图164），需氧或兼性厌氧，在固体培养基上培养24小时，形成圆形、光滑的菌落，在有氧条件下，菌落呈白色至橙色。

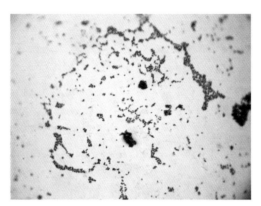

图164　鸭葡萄球菌病
葡萄球菌形态。（江斌）

【典型症状与病变】病雏鸭表现为精神不振，脐部红肿、发炎，常因败血症死亡；中大鸭、种鸭主要表现为受伤局部皮肤化脓或皮下炎症、肿胀，严重者全身感染。炎症发生在跗关节和趾关节时，则表现为关节化脓、肿胀呈球状或半球状突起（图165），临床上病鸭出现跛行、食欲减退、精神沉郁等症状。

图165　鸭葡萄球菌病
趾关节肿大呈球状。（江斌）

剖检，可见雏鸭脐部红肿发炎，卵黄吸收不良；中大鸭受损部位皮肤化脓肿胀，皮下有胶冻样水肿；种鸭可见关节肿大，关节囊内有浆液性或纤维素性渗出物，严重者呈化脓关节炎。病程长的病鸭，其关节囊则出现干酪样或纤维化病变。

【诊断要点】根据症状及病变可做出初步诊断，确诊需做细菌的分离、鉴定。

【防治措施】预防，首先要加强饲养管理，保持舍内外环境清洁，消除舍内的尖锐异物，尽量减少皮肤和鸭蹼受损。一旦发现皮肤、脚受损，要立即用碘酊进行涂擦，防止感染发病。此外，要防止吸血昆虫的叮咬，及时消灭蚊、蝇和体表寄生虫。

本病的治疗可选用硫酸庆大霉素、恩诺沙星、阿莫西林等药物进行肌内注射，连用2～3天；同时口服阿莫西林或氨苄西林钠，连用3天。局部病变严重病例还需做局部的消毒、防腐以及消炎处理。

【注意事项】临床上注意与鸭化脓隐秘杆菌感染做鉴别诊断。

鸭化脓隐秘杆菌感染

化脓隐秘杆菌是寄生在动物上呼吸道、胃肠道和生殖道内的正常菌群，也是一种重要的条件性致病菌，能引起猪、牛、羊、禽等多种动物及人类多种组织和器官的化脓性感染。感染种鸭可引起化脓性关节炎。动物抵抗力下降和外伤是发病的直接原因，苍蝇为主要的传播媒介。另外，化脓性脓包破溃，脓汁污染饲料及饮水，通过消化道也可感染。动物相互啃咬等消毒不严引起伤口感染而发病，也可通过呼吸道感染。

【病原】化脓隐秘杆菌属于隐秘杆菌属，原称化脓棒状杆菌、化脓放线菌，1997年定名为化脓隐秘杆菌。化脓隐秘杆菌为革兰氏阳性，外形为正直或微弯曲，菌体直径大小不一，无鞭毛，不运动，无芽孢，无荚膜的短棒状杆菌。

【典型症状与病变】化脓隐秘杆菌感染以多发化脓性关节炎为特征。化脓性关节炎多发生于脚趾关节，关节肿胀呈球状或半球状，色红或呈紫红色，严重者跛行，几乎不能行走（图166至图172）。剖检，肿胀的关节腔内见有大量脓液或/和干酪样物质蓄积，严重者关节处骨组织发生坏死（图173和图174）。心外膜覆盖有纤维素性渗出物；纤维素性肝周炎，肝脏质地坚硬、肿大；脾脏肿大瘀血，肾脏肿大，有尿酸盐沉积；卵巢出血（图175和图176）等。

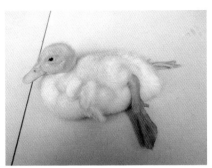

图166　鸭化脓隐秘杆菌感染

病鸭关节红肿，不能站立。（胡薛英）

图167　鸭化脓隐秘杆菌感染

病鸭关节红肿，不能站立。（胡薛英）

图168　鸭化脓隐秘杆菌感染

趾关节红肿。（胡薛英）

图169　鸭化脓隐秘杆菌感染

跗关节和趾关节红肿。（胡薛英）

图170　鸭化脓隐秘杆菌感染

趾关节肿大呈半球状。（胡薛英）

图171　鸭化脓隐秘杆菌感染

趾关节肿大呈半球状。（胡薛英）

图172　鸭化脓隐秘杆菌感染

趾关节极度肿大呈半球状，色紫红。（胡薛英）

图173　鸭化脓隐秘杆菌感染

趾关节腔内脓液蓄积并见骨坏死。（胡薛英）

图174　鸭化脓隐秘杆菌感染

跗关节腔内干酪样物蓄积。（胡薛英）

图175　鸭化脓隐秘杆菌感染

心包炎和肝包膜炎。（胡薛英）

图176　鸭化脓隐秘杆菌感染

肾脏肿大，有尿酸盐沉积，卵巢出血。（胡薛英）

【诊断要点】在临床症状和剖检病变观察的基础上，需结合细菌的分离、鉴定方能做出诊断。

【防治措施】动物自身状态和环境条件与化脓隐秘杆菌的感染有很大的关系，改善养殖环境可减少化脓隐秘杆菌感染。

本病目前尚无疫苗。在预防上应加强饲养管理，搞好卫生消毒措施，鸭场应注意灭蚊灭蝇，减少外伤和应激因素的影响。发病鸭群可选用敏感的广谱抗菌药物进行治疗。

【诊疗注意事项】化脓隐秘杆菌感染所致化脓性关节炎容易和化脓性链球菌、金黄色葡萄球菌、绿脓杆菌以及结核分支杆菌引起的化脓相混淆，给鉴别诊断造成极大的困难。

鸭 丹 毒

鸭丹毒是由红斑丹毒丝菌引起的一种急性传染病，主要通过伤口感染，多为散发。本病的发生没有明显的季节性，各种日龄的鸭均可感染，2～3周龄雏鸭多发，发病率可达30%。

【病原】红斑丹毒丝菌是一种纤细而具有多形性的、不能运动的革兰氏阳性杆菌，大小为（0.2～0.4）微米×（0.8～2.5）微米。本菌对盐腌、火熏、干燥、腐败和日光等自然环境的抵抗力较强。

【典型症状与病变】病鸭精神沉郁，嗜睡，衰弱，步态不稳（图177），腹泻和猝死。感染部位皮肤呈现不规则的红斑和水肿，心外膜下点状出血，特别是冠状沟和纵沟部位较多见（图178）；肝脏肿大、质脆、色黄呈斑驳状，表面见有针尖大小的米黄色坏死灶（图179）；脾脏肿胀，质地脆弱，呈紫黑色。

图177　鸭丹毒

病鸭衰弱，步态不稳。（岳华，汤承）

图178　鸭丹毒

心冠状沟点状出血。（岳华，汤承）

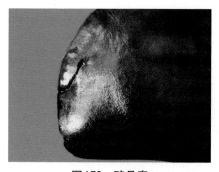

图179　鸭丹毒

肝脏表面针尖大小的米黄色坏死灶。(岳华，汤承)

【诊断要点】根据感染部位皮肤呈现不规则的红斑和水肿，心外膜点状出血、肝脾肿大、出血和坏死等剖解特征可做出初步诊断，确诊需结合细菌学检查的结果判定。

【防治措施】保持圈舍干燥卫生，不喂不洁的鱼及其下脚料。病鸭用长效青霉素治疗，效果最好，也可用庆大霉素、土霉素、磺胺类药物进行治疗。

【诊疗注意事项】本病眼观病变与禽霍乱有相似之处，注意与之鉴别。

种鸭坏死性肠炎

种鸭坏死性肠炎是种鸭的一种致死性疾病，病因尚不清楚，多认为是由魏氏梭菌引起。本病四季均可发生，免疫接种、转群、天气剧变或长期使用抗菌药物等应激情况下更易诱发本病。

【病原】魏氏梭菌即产气荚膜杆菌，革兰氏阳性，两端稍钝圆，粗大杆状，无鞭毛，有荚膜，单个散在或成双排列，很少呈短链排列，大小为（4～8）微米×（1～1.5）微米，广泛存在于土壤、粪便和消化道中。

【典型症状与病变】急性病例常不见任何症状突然倒毙（图180）。病变主要见于肠道，肠管膨胀、变黑，早期主要见于后段肠管，病程稍长可全肠变黑，肠内容物呈棕黄色或污黑色，后期回肠和盲肠黏膜可见黄白色纤维素样坏死性假膜（图181至图186）；腹腔内有污秽、恶臭的炎性渗出物（图187）。产蛋鸭卵巢发炎、卵泡变形、变色、充血、出血，输卵管黏膜严重出血、坏死，内有污秽的干酪样坏死物（图188至图191）。

图180　种鸭坏死性肠炎

急性病例常突然倒毙。（岳华，汤承）

图181　种鸭坏死性肠炎

肠管膨胀、色黑，失去光泽和弹性。（岳华，汤承）

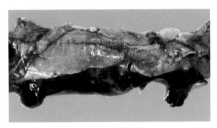

图182　种鸭坏死性肠炎

胰腺充血、出血，肠内容物污秽发黑。（岳华，汤承）

图183　种鸭坏死性肠炎

小肠黏膜充血，表面附有灰绿色内容物。（岳华，汤承）

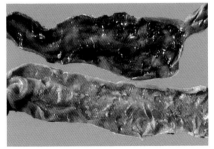

图184　种鸭坏死性肠炎

空肠、盲肠黏膜坏死。（岳华，汤承）

图185　种鸭坏死性肠炎

回肠和盲肠黏膜的黄白色纤维素样坏死性假膜。（岳华，汤承）

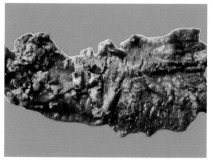

图186　种鸭坏死性肠炎

肠黏膜坏死、脱落。（岳华，汤承）

图187　种鸭坏死性肠炎

腹腔脏器色黑、污秽、恶臭。（岳华，汤承）

图188　种鸭坏死性肠炎

卵泡膜充血、出血。（岳华，汤承）

图189　种鸭坏死性肠炎

卵泡破裂，呈卵黄性腹膜炎。（岳华，汤承）

图190　种鸭坏死性肠炎

输卵管黏膜出血、坏死。（岳华，汤承）

图191　种鸭坏死性肠炎

输卵管内的灰白色干酪样坏死物。（岳华，汤承）

【诊断要点】根据应激史和肠道的典型剖检变化可做出诊断。

【防治措施】加强饲养管理，改善环境卫生，尽量减少应激。疫苗接种或天气剧变时可使用抗应激药物预防。病鸭可用头孢类、新霉素、红霉素、土霉素等广谱抗菌药物治疗，配合抗应激药物使用，能取得良好疗效。

鸭结核病

鸭结核病是由禽结核分支杆菌引起的一种慢性接触性传染病，主要发生于种鸭。该病的特征是渐进性消瘦、贫血、产蛋率降低或停产，剖检见肝或脾脏有结核结节。

【病原】禽结核分支杆菌呈杆状，多数菌体末端为圆形，菌体的长度为1～3微米；不形成芽孢，无运动性，无荚膜，无鞭毛；耐酸。该菌对外界环境的抵抗力较强，尤其对干燥的抵抗力特别强。一般对石炭酸和酒精敏感。

【典型症状与病变】临床上无特征性的症状。病情严重时，消瘦、贫血、产蛋率降低或停产。剖检见内脏器官出现针尖样到豌豆样大小的单个或弥散性的黄灰色干酪样结核结节。肝、脾是最易受侵害的器官，肺、肾和肠道也常有发生（图192和图193），偶见心肌或气囊（图194）。

图192　鸭结核病
肺脏的白色结核结节。（周诗其）

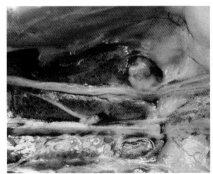

图193　鸭结核病
肾脏的白色结核结节。（周诗其）

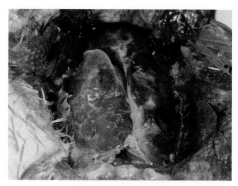

图194　鸭结核病
心肌的白色结核结节。（周诗其）

【诊断要点】根据肉眼和光镜下结核结节典型病变即可做出诊断，必要时可取病变组织作抗酸染色。

【防治措施】对病鸭群要隔离饲养，及时淘汰。焚烧病死鸭；妥善处理粪便，严格消毒。附近池塘或水面受结核杆菌污染后，严禁鸭群放牧。雏鸭群饲养场地要远离种鸭群，培育无结核病的鸭群。对养殖场新引进的鸭，要通过结核菌素试验或血凝抑制试验等方法，进行结核病检疫。

发病后可用硫酸链霉素按每1 000千克饲料加入13～55克混饲，连续使用8个月以上。也可使用异烟肼、乙二胺二丁醇等药物予以治疗。

【诊疗注意事项】临床上注意与肿瘤、伪结核作鉴别诊断。

鸭传染性窦炎（鸭支原体病）

鸭传染性窦炎是由支原体感染，主要危害雏鸭的一种呼吸道传染病，成年鸭也可发生，特征是眶下窦肿胀，充满浆液-黏液或干酪样渗出物。7～15日龄的雏鸭最易感。

【病原】支原体为革兰氏阴性，对低温抵抗力较强，一般消毒药均能将它迅速杀灭。

【典型症状】病鸭打喷嚏，从鼻孔中流出浆液性或黏液性渗出物，在鼻孔周围形成结痂（图195）。部分病鸭呼吸困难，频频摇头（图

196）。发病后期，眶下窦积液，一侧或两侧肿胀（图197），按压无痛感，一般保持10～20天不散。剖检见呼吸道黏膜出血，眶下窦内积有大量干酪样渗出物（图198）。

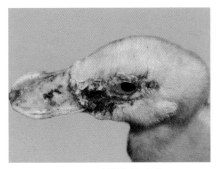

图195　鸭传染性窦炎

眼、鼻中流浆液性或黏液性渗出物。（岳华，汤承）

图196　鸭传染性窦炎

病鸭呼吸困难。（岳华，汤承）

图197　鸭传染性窦炎

眶下窦出现无痛性肿胀。（岳华，汤承）

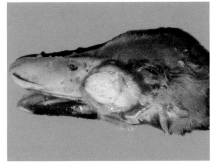

图198　鸭传染性窦炎

眶下窦内积有灰白色干酪样渗出物。（岳华，汤承）

　　【诊断要点】根据病鸭眶下窦显著肿大等可做出初步诊断，结合病原分离鉴定结果可确诊。

　　【防治措施】加强饲养管理，注意保持合理饲养密度、良好的通风及相对恒定的圈舍温度，能有效预防本病发生。支原净或泰乐菌素等药物对本病有良好的防治效果。

鸭肉毒梭菌毒素中毒

　　本病是由肉毒梭菌C型毒素引起的中毒性疾病，又称软颈病，多发生在气温较高的夏秋季节，多见于放牧鸭，常因食入腐败的鱼类或其他动物尸体而发病。

　　【病原】C型肉毒梭菌菌体长4～6微米，单个散在或呈短链排列，革兰氏阳性，有鞭毛、能运动。该菌在适宜环境中产生并释放蛋白质外毒素。

　　【典型症状】急性中毒，表现为全身痉挛、抽搐（图199），随即死亡。慢性中毒则表现为反应迟钝，颈部麻痹（图200），头颈无力抬起，紧贴地面，腿部麻痹不能站立，强行驱赶，则呈跳跃式移动（图201），呼吸急促，后期则慢且深，最后因心脏和呼吸衰竭而死。尸体剖检缺乏肉眼可见病变。

图199　鸭肉毒梭菌毒素中毒

急性中毒病鸭平衡失调，站立不稳。（岳华，汤承）

图200　鸭肉毒梭菌毒素中毒

病鸭头颈麻痹。（岳华，汤承）

图201　鸭肉毒梭菌毒素中毒

病鸭腿麻痹，强行驱赶，呈跳跃性运动。（岳华，汤承）

【诊断要点】根据有采食腐败鱼类或动物尸体的病史，患鸭瘫痪、软颈、翅下垂等特征症状可做出初步诊断。确诊需通过小鼠中和保护试验检测病鸭肠内容物肉毒毒素及其血清型。

【防治措施】避免鸭接触腐败鱼类和动物尸体，及时清除养殖场内、放牧、运动场所中肉毒梭菌及其毒素的可能来源；不喂腐败饲料及原料等，是预防和控制本病的关键。一旦鸭群发生中毒，尽快注射肉毒梭菌C型抗毒素，效果良好。

鸭曲霉菌病

鸭曲霉菌病是鸭的一种常见的真菌病，是由烟曲霉菌引起，主要侵害呼吸器官，引起曲霉菌性肺炎，以幼鸭多见，死亡率可达50%～100%。

【病原】烟曲霉菌为需氧菌，菌丝直径2～3微米，两边平行，有横隔，呈二分叉分支结构。该菌对外界具有明显的抵抗力。消毒剂如2.5%福尔马林、水杨酸和碘酊需1～3小时才能杀灭该菌。

【典型症状与病变】病鸭精神沉郁，有的出现呼吸困难、张口呼吸、咳嗽。剖检见气囊和肺脏上有大小不等的结节（图202），呈灰白色、黄白色或淡黄色，散在分布。有的病例浆膜上可见黄绿色的霉菌团块（图203和图204）。曲霉菌病的组织学病变特征是形成特异性肉芽肿，肉芽肿中心坏死，可见菌丝（图205和图206），外围分布有巨噬细胞、上皮样细胞和异嗜性粒细胞。

图202　鸭曲霉菌病

肺脏的灰白色曲霉菌结节。（胡薛英）

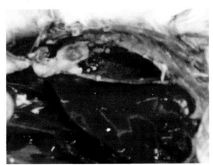

图203　鸭曲霉菌病

腹腔浆膜的黄绿色曲霉菌块。（胡薛英）

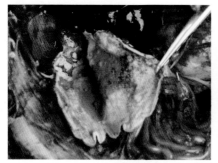

图204　鸭曲霉菌病

腹腔浆膜的黄绿色曲霉菌块。（胡薛英）

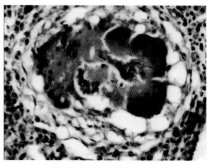

图205　鸭曲霉菌病

肺组织形成的特异性肉芽肿。（胡薛英）

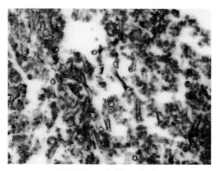

图206　鸭曲霉菌病

气管内的霉菌菌丝及孢子。（HE×400）

（胡薛英）

【诊断要点】根据流行病学、剖检病变及了解有无接触霉变饲料或垫料，可做出初步诊断。确诊需经实验室诊断。采取病变组织中的结节或病灶，剪碎，放在洁净的载玻片上，滴加20%的氢氧化钾溶液，盖上盖玻片，轻轻挤压后在显微镜下观察，看到有横隔、分支的菌丝即可确诊。

【防治措施】为防止暴发曲霉菌病，应避免使用霉变的饲料和垫料，保持饲料和垫料的干燥，防止霉变。定期清洗和消毒喂料器具和饮水器，减少发霉，有助于消除感染。加强通风可明显减少鸭舍内空气中的霉菌数量，有助于预防该病。

本病无特效的治疗方法，发病后，首先应更换发霉的饲料或垫料，将未感染鸭转移到干净和通风良好的鸭舍。可用1∶2 000～3 000的硫酸铜溶液饮水3～4天，但不能常用。用0.5%～1.0%的碘化钾溶液饮水3～4天。制霉菌素、两性霉素B对霉菌有抑制作用。

【诊疗注意事项】鸭曲霉菌病易与鸭结核病混淆，临床鉴别诊断要点在于鸭结核病的结节不仅发生于肺脏，还在其他脏器上发生。确诊必须进行实验室检查。

鸭次睾吸虫病

鸭次睾吸虫病是由次睾吸虫寄生于鸭、鸡等禽类的胆囊、胆管内引起的一种寄生虫病。鸭、野鸭、鸡等禽类均可发生本病。感染途径主要是野外放牧时采食了中间宿主麦穗鱼、爬虎鱼而感染，舍内圈养则很少感染。本病分布较广，我国的多数省份均有本病的报道。

【病原】次睾吸虫属吸虫纲、后睾目、后睾科、次睾属，常见的有台湾次睾吸虫和东方次睾吸虫。

台湾次睾吸虫：虫体呈香肠状或棍棒状（图207），大小为（2.52～4.55）毫米×（0.32～0.42）毫米，虫体表皮有棘（图208），起于体前端，止于睾丸。口吸盘位于虫体前端，大小为（0.16～0.24）毫米×（0.18～0.28）毫米，腹吸盘呈圆盘状，位于虫体前1/3后的后部中央，大小为（0.15～0.23）毫米×（0.16～0.22）毫米。咽呈球形，食管短，两肠支沿虫体两侧向后延伸，终止于后睾之后。睾丸2枚，位于虫体后1/6处，前后排列或稍斜列，呈不规则的方形，边缘有凹陷或浅分叶状（图209）。卵巢呈球状，位于前睾丸的前缘。卵黄腺呈簇状，分布于虫体两侧，前缘起自肠叉与腹吸盘之间，向后延伸至前睾丸前缘为止，每侧6～8簇。子宫弯曲于两肠支之间，从卵巢开始到腹吸盘前（图210）。虫卵为淡黄色，前端具有盖，后端有一小突起，大小为（23～29）微米×（14～16）微米（图211）。

图207 鸭次睾吸虫病
台湾次睾吸虫的虫体形态。（江斌）

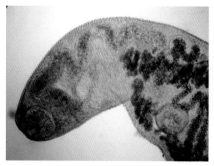

图208　鸭次睾吸虫病

台湾次睾吸虫的虫体前半部形态。（江斌）

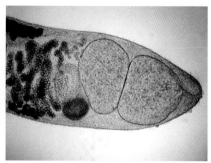

图209　鸭次睾吸虫病

台湾次睾吸虫的睾丸、卵巢形态。（江斌）

图210　鸭次睾吸虫病

台湾次睾吸虫的子宫形态。（江斌）

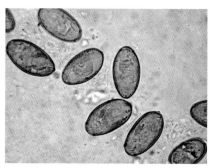

图211　鸭次睾吸虫病

台湾次睾吸虫的虫卵形态。（江斌）

【典型症状与病变】患病鸭表现为精神沉郁，缩颈闭眼，离群呆立，消瘦，鸭喙色淡、变白（图212），排白色或灰绿色水样粪。剖检见肝脏肿大、质脆，呈橙黄色（图213和图214），切面流出红色稀薄血水，并可见出血性孔道。胆囊肿大（图214和图215），胆管增粗呈索状突出于肝表面。胆囊、胆管内壁粗糙，胆管壁增厚，管腔狭窄，胆汁浓稠、变绿。镜下见胆管上皮增生呈树枝状（图216）。

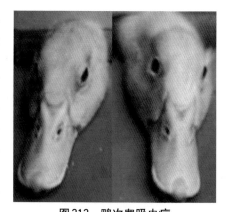

图212　鸭次睾吸虫病

病鸭喙部色泽变白。右为正常对照。（卢明科）

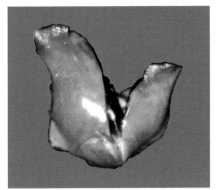

图213　鸭次睾吸虫病

肝脏肿大、呈橘黄色，胆囊膨大。（杨光友）

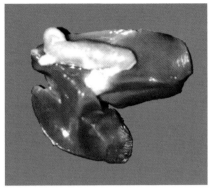

图214　鸭次睾吸虫病

肝脏色黄，胆囊壁增厚。（杨光友）

图215　鸭次睾吸虫病

胆囊肿大，壁变厚，内充满浓绿色胆汁。（江斌）

图216　鸭次睾吸虫病

胆囊壁黏膜上皮增生呈树枝状。（杨光友）

【诊断要点】生前诊断主要靠粪便发现虫卵，但鉴别虫种较困难。死后剖检发现虫体并结合病变即可确诊。

【防治措施】发病后可用吡喹酮治疗，按每千克体重30毫克拌料口服1次；也可用丙硫咪唑，按每千克体重100毫克拌料口服1次。

禁用生鱼及下脚料喂鸭，杜绝感染源。可采用化学药物杀灭纹沼螺和赤豆螺，阻断或控制后睾吸虫幼虫期发育的第一个环节。

鸭前殖吸虫病

　　鸭前殖吸虫病是由前殖吸虫寄生在鸭、鸡、鹅以及其他禽类输卵管、腔上囊、直肠内引起的一种寄生虫病。鸡、鸭、鹅、野鸭以及其他禽类均可感染发病。本病的发生多呈地方流行性，其流行季节与蜻蜓出现季节相一致，特别是在水池岸边放牧时，捕食蜻蜓及其稚虫时就易感染。前殖吸虫的种类较多，在不同区域，禽类感染的前殖吸虫种类有所不同。

　　【病原】前殖吸虫属吸虫纲、斜睾目、前殖科、前殖属，其中卵圆前殖吸虫和透明前殖吸虫较为常见。

　　卵圆前殖吸虫：前端较狭小，后端钝圆，体表有小刺，大小为（3～6）毫米×（1～2）毫米，口吸盘小，位于体前端，腹吸盘较大，位于虫体前1/3处。睾丸二个，不分叶，呈椭圆形，并列于虫体中部之后。卵巢分叶，位于腹吸盘背面。生殖孔开口于口吸盘的左前方。子宫盘曲于虫体内大部分，卵黄腺位于虫体前中部的两侧（图217）。虫卵棕褐色，大小为（22～24）微米×（10～15）微米，具卵盖，另一端有小刺，内含卵细胞。

图217　鸭前殖吸虫病
卵圆前殖吸虫的虫体染色形态。（江斌）

　　【典型症状与病变】感染严重时，可导致蛋鸭减蛋，产畸形蛋，食欲减少，消瘦，腹部膨大，个别出现泄殖腔突出或脱肛现象，严重病例可出现死亡。剖检见输卵管黏膜充血，并在黏膜上可检出虫体。严重病例可见卵黄性腹膜炎。

【诊断要点】根据临床症状及在输卵管检出成虫即可确诊。如要鉴定是哪一种前殖吸虫，则需对虫体进行形态结构观察加以鉴别。

【防治措施】防止鸭采食蜻蜓及其稚虫可有效预防本病。

本病的治疗，在早期可用四氯化碳2～3毫升对病鸭采取胃管投药或嗉囊注射。此外，可使用阿苯达唑（剂量为每千克体重25毫克）、氰碘柳胺（每千克体重5～10毫克，拌料，一次给药）或吡喹酮（每千克体重10～20毫克，一次拌料内服）均有一定效果。

鸭背孔吸虫病

鸭背孔吸虫病是由背孔吸虫寄生于鸭、鸡等禽类盲肠或直肠内引起的一种寄生虫病。各种日龄的鸡、鸭、鹅以及部分野禽均可感染发病。幼禽症状较重。一年四季均可感染，但以夏、秋季节多见（与夏秋季节淡水螺较多有关）。本病流行于我国各地以及俄罗斯、日本。

【病原】背孔吸虫属棘口目、背孔科、背孔属，常见的有纤细背孔吸虫和锥实螺背孔吸虫。

纤细背孔吸虫：虫体为粉红色，呈叶片状，大小为（2.22～5.68）毫米×（0.82～1.85）毫米。口吸盘位于顶端，近于球形，食管长，两肠支沿虫体两侧向后延伸，盲端接近虫体末端。虫体腹面有3列腹腺，成纵行排列。睾丸2个，形状为类长方形，位于虫体后1/5处和两肠管外侧，大小为（0.35～0.88）毫米×（0.22～0.48）毫米。雄茎囊呈长袋状，位于虫体前1/2处中部，长度为0.82～1.83毫米。卵巢1个，呈浅分叶状，位于两睾丸之间。卵黄腺呈不规则的粗颗粒状，位于肠支外侧。子宫盘曲于虫体中部，两肠支之间（图218）。虫卵较小，两端各有一条长度为260微米的卵丝，大小为（15～21）微米×（9～12）微米。主要寄生于鸭、鸡、鹅的小肠、直肠、盲肠、泄殖腔。

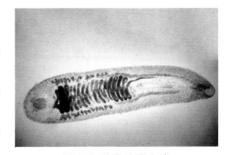

图218 鸭背孔吸虫病

纤细背孔吸虫的虫体形态。（江斌）

锥实螺背孔吸虫：虫体扁平，前端稍尖，后端钝圆，大小为（2.267～3.4）毫米×（0.72～0.94）毫米。腹腺也有3纵列。口吸盘位于前端，食管长。睾丸2个，并列位于虫体的后端，大小为（0.405～0.56）毫米×（0.17～0.3）毫米，在肠支外侧，各分叶8～12瓣。卵巢1个，分叶，位于两睾丸之间，大小为（0.2～0.3）毫米×（0.21－0.3）毫米。卵黄腺分布于虫体两侧。子宫横向盘曲于虫体中部，两肠支之间（图219和图220）。虫卵大小为（21～25）微米×（14～17）微米，两端也各附有一根细长的卵丝（图221）。主要寄生于鸭、鸡、鹅的盲肠内。

图219　鸭背孔吸虫病
锥实螺背孔吸虫的虫体形态。（江斌）

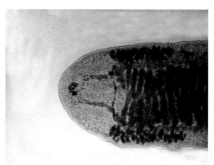

图220　鸭背孔吸虫病
锥实螺背孔吸虫的尾部形态。（江斌）

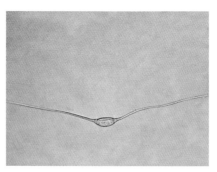

图221　鸭背孔吸虫病
锥实螺背孔吸虫的虫卵形态。（江斌）

【**典型症状与病变**】病鸭表现为消瘦、下痢、运动失调等症状。在雏鸭，还可导致死亡。大量感染时，剖检见盲肠膨胀、直肠发红（图

222）；剖开见盲肠黏膜出现溃疡或糜烂，并可见寄生于黏膜的背孔吸虫（图223）。

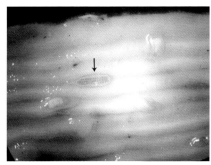

图222　鸭背孔吸虫病
盲肠肿胀增粗、呈暗红色，直肠发红。（江斌）

图223　鸭背孔吸虫病
盲肠黏膜内寄生的虫体（↑）。（江斌）

【诊断要点】盲肠内发现虫体（图223）以及在盲肠、直肠内容物或粪便检出特征性虫卵即可确诊。

【防治措施】临床上可用硫双二氯酚（每千克体重200～300毫克，一次量拌料治疗）或五氯柳酰苯胺（每千克体重15～30毫克，一次量拌料治疗）以及阿苯达唑片（每千克体重5～10毫克，连用3天）进行治疗，均有较好治疗效果。

鸭东方杯叶吸虫病

鸭东方杯叶吸虫病是由东方杯叶吸虫寄生于鸭、鸡等禽类小肠、盲肠、直肠内引起的一种寄生虫病。各种日龄的鸭、鸡、鸢等禽类均可感染发病。传播途径与中间宿主（淡水螺、麦穗鱼、鳠、鲫等）接触有关。本病在我国多个省份均有报道。

【病原】东方杯叶吸虫属枭形目、杯叶科、杯叶属。虫体呈梨形，大小为（0.72～1.33）毫米×（0.51～0.89）毫米。口吸盘呈球形，大小为（0.09～0.12）毫米×（0.09～0.11）毫米。腹吸盘位于肠叉之后，大小为（0.06～0.08）毫米×（0.09～0.1）毫米。黏附器发达，几乎占满整个虫体。睾丸呈卵圆形，并列或斜列于虫体的中部，左睾

丸大小为（0.32～0.38）毫米×
（0.22～0.26）毫米，右睾丸大小
为（0.38～0.52）毫米×（0.22～
0.3）毫米，卵巢呈卵圆形，位
于睾丸前方，大小为（0.069～
0.08）毫米×（0.081～0.092）
毫米，卵黄腺分布于虫体侧缘
（图224和图225）。虫卵大小为
（92～115）微米×（60～71）微
米（图226）。

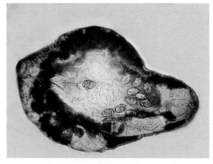

图224　鸭东方杯叶吸虫病
东方杯叶吸虫的虫体形态。（江斌）

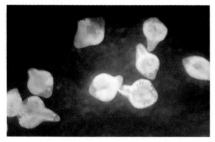

图225　鸭东方杯叶吸虫病
体视显微镜下，东方杯叶吸虫的形态。
（江斌）

图226　鸭东方杯叶吸虫病
东方杯叶吸虫的虫卵形态。（江斌）

【**典型病变**】小肠、盲肠和直肠肿胀、增粗（图227），剖开呈卡
他性肠炎。

图227　鸭东方杯叶吸虫病
直肠肿胀、增粗。（江斌）

【诊断要点】本病的确诊需要对虫体的形态、大小以及内部结构进行观察和鉴定。

【防治措施】本病的治疗可用硫酸二氯酚、阿苯达唑进行治疗。具体剂量参考鸭背孔吸虫病。

鸭普鲁氏杯叶吸虫病

鸭普鲁氏杯叶吸虫病是由普鲁氏杯叶吸虫寄生于在鸭、鹅、野鸭等禽类小肠内引起的一种寄生虫病。各种日龄的鸭、鹅、野鸭等禽类均可感染发病。在我国，本病主要发生于浙江、江西、福建等地。

【病原】普鲁氏杯叶吸虫属枭形目、杯叶科、杯叶属。虫体呈梨形，体表有小刺，大小为（0.8～1）毫米×（0.6～0.65）毫米。口吸盘位于前端，大小为0.12～0.13毫米。腹吸盘常被黏附器覆盖，不易看到。咽呈圆形，直径为0.07～0.08毫米，两肠支不到达虫体后缘，虫体腹面有一个非常发达的黏附器，直径0.315～0.55毫米，常凸出腹面边缘。睾丸圆形或卵圆形，左右斜列于虫体的中部，大小为（0.2～0.25）毫米×0.15毫米；雄茎囊十分发达，呈棍棒状，大小为（0.27～0.5）毫米×0.07毫米×0.14毫米，常为虫体长度的1/2～3/5,生殖孔开口于虫体末端，常可见雄茎伸到体外（图228）。卵巢位于睾丸下缘，常与睾丸重叠，大小为（0.11～0.12）毫米×0.08毫米，卵黄腺呈大囊泡状，分布于虫体四周，子宫内虫卵不多，相对较大，大小为（98～103）微米×（65～68）微米。

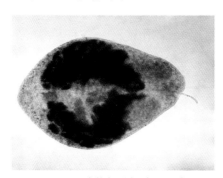

图228　鸭普鲁氏杯叶吸虫病

普鲁氏杯叶吸虫的虫体形态。（江斌）

【典型病变】小肠肿胀、增粗、发红，血管怒张（图229）。

图229　鸭普鲁氏杯叶吸虫病

小肠肿胀、增粗、发红，血管怒张。（江斌）

【诊断要点】本病的确诊需对虫体的形态、大小以及内部结构进行观察和鉴定。

【防治措施】与鸭东方杯叶吸虫病相似。

鸭盲肠杯叶吸虫病（鸭盲肠肿大坏死症）

鸭盲肠杯叶吸虫病是由盲肠杯叶吸虫寄生于鸭盲肠引起的一种新型寄生虫病。本病只感染番鸭和半番鸭，偶见于20～100日龄的产蛋麻鸭，各种日龄均可发病。发病季节多集中在每年的9月份至翌年1月份（即晚稻收割后的1～3个月时间）。本病的发生具有明显的地域性，多见于有山、有水田的农村山区，一旦发生每年都会有本病的出现。本病主要见于福建省。

【病原】盲肠杯叶吸虫属枭形目、杯叶科、杯叶属。虫体呈卵圆形，大小为（1.175～2.375）毫米×（0.95～1.875）毫米（图230至图233），在虫体腹面有一个很大的黏附器（图234）。口吸盘位于虫体的顶端或亚顶端，大小为（0.125～0.16）毫米×（0.13～0.17）毫米；咽呈球状，大小为（0.12～0.15）毫米×（0.11～0.145）毫米。食管短（图235）。两个肠支盲端伸达虫体的亚末端。腹吸盘位于黏附器前缘中部（多数被卵黄腺覆盖，不易见到）。黏附器很大，大小为（1.15～1.8）毫米×（1.05～

1.75）毫米。睾丸2个，呈椭圆形、短棒状、长棒状、三角形、钩形、纺锤形、锥形等多种形态；排列无规律，大小为（0.28～1.3）毫米×（0.13～0.375）毫米。卵巢形态近圆形，位于虫体腹面的中部偏左侧，大小为（0.135～0.25）毫米×（0.14～0.26）毫米。雄茎囊呈长袋状，位于虫体的后端，偏向虫体的右侧。卵黄腺比较发达，分布于虫体四周（图236至图238）。

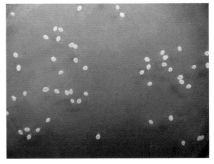

图230　鸭盲肠杯叶吸虫病
盲肠杯叶吸虫肉眼形态。（江斌）

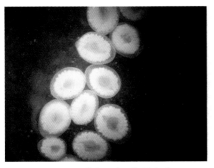

图231　鸭盲肠杯叶吸虫病
体视显微镜下，盲肠杯叶吸虫的形态。（江斌）

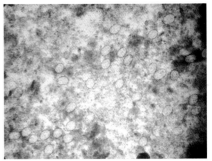

图232　鸭盲肠杯叶吸虫病
盲肠内容物中的虫卵形态。（江斌）

图233　鸭盲肠杯叶吸虫病
盲肠杯叶吸虫童虫形态。（江斌）

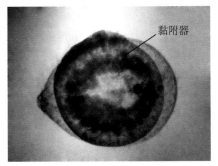

黏附器

图234　鸭盲肠杯叶吸虫病
盲肠杯叶吸虫虫体黏附器形态。（江斌）

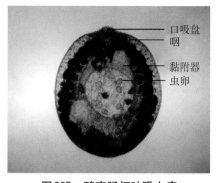

图235　鸭盲肠杯叶吸虫病

盲肠杯叶吸虫口吸盘、咽、黏附器、卵黄腺的形态。（江斌）

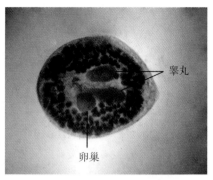

图236　鸭盲肠杯叶吸虫病

盲肠杯叶吸虫的睾丸、卵巢形态。（江斌）

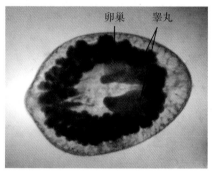

图237　鸭盲肠杯叶吸虫病

盲肠杯叶吸虫睾丸、卵巢形态。（江斌）

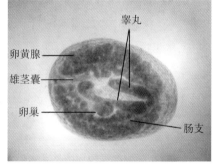

图238　鸭盲肠杯叶吸虫病

盲肠肿胀、异常增粗，表面见有点状或斑状坏死。（江斌）

【典型症状与病变】水田放牧后5～7天发病，病鸭精神沉郁，食欲减退或废绝，拉黄白色稀粪，随后几天发病率和死亡率逐渐升高，10天后死亡率又逐渐减少，耐过的病鸭表现生长缓慢。剖检见盲肠肿胀、异常增粗，表面见有点状或斑状坏死（图239），切开盲肠可见内容物为黄褐色糊状物（图240），恶臭，盲肠黏膜灶状坏死而呈溃疡，表面附有糠麸样物质，并可见卵圆形虫体（图241）。有的病例盲肠内可形成黄色糠麸状阻塞物。个别病例直肠病变同盲肠。

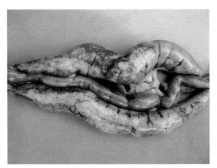

图239 鸭盲肠杯叶吸虫病

盲肠肿胀、异常增粗，表面见有点状或斑状坏死。（江斌）

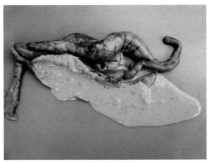

图240 鸭盲肠杯叶吸虫病

盲肠黄褐色糊状内容物、恶臭。（江斌）

图241 鸭盲肠杯叶吸虫病

盲肠黏膜出现大小不等的溃疡，且有卵圆形虫体寄生。（江斌）

【诊断要点】根据流行病学、典型症状和特征性病变可做出初步诊断。确诊需对盲肠内的虫体形态、大小以及内部结构进行观察和鉴定。

【防治措施】预防一方面不到疫区进行放牧，另一方面定期使用广谱驱虫药。

本病的治疗可使用阿苯达唑（按每千克体重口服25毫克，连用3天），具有很好的治疗效果，一般用药后第2天即可控制本病的死亡率。

【注意事项】一般的抗生素、磺胺类药物治疗无效。

鸭球形球孔吸虫病

鸭球形球孔吸虫病是由球形球孔吸虫寄生于鸭等禽类小肠内引起的一种寄生虫病。各种日龄的鸡和鸭均可感染发生。本病多见于夏、秋季节。我国多个省均有本病的流行。

【病原】球形球孔吸虫属棘口目、光口科、球孔属。虫体呈梨形或球形，较小，大小为（0.97～1.3）毫米×（0.81～0.9）毫米。口吸盘位于虫体顶端，大小为0.15毫米×0.165毫米。腹吸盘很发达，大小为0.36毫米×0.42毫米，咽部呈球状，食管短，两肠支沿虫体两侧伸至虫体亚末端。睾丸2个，呈横椭圆形位于虫体后端或后1/4处，前后排列或稍重叠，前睾丸大小为（0.12～0.153）毫米×（0.18～0.208）毫米，后睾丸大小为（0.104～0.169）毫米×（0.182～0.208）毫米。雄茎囊呈棒状，位于咽和腹吸盘之间，生殖孔开口于咽的一侧。卵巢位于前睾丸右侧，呈类圆形，大小为0.13毫米×0.138毫米，卵黄腺分布于虫体四周，子宫粗短，内含数枚虫卵（图242和图243）。虫卵大小为（100～109）微米×（65～70）微米（图244）。

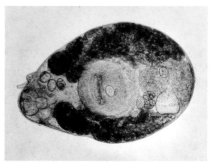

图242　鸭球形球孔吸虫病
球形球孔吸虫的虫体形态。（江斌）

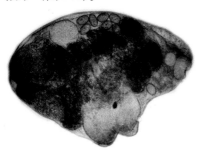

图243　鸭球形球孔吸虫病
球形球孔吸虫的虫体形态（活体）。（江斌）

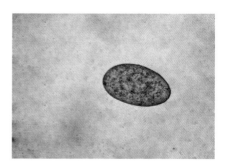

图244　鸭球形球孔吸虫病
球形球孔吸虫的虫卵形态。（江斌）

【典型症状与病变】本病在临床上多表现隐性感染，严重时表现出肠炎症状：拉稀、食欲减退。剖检见卡他性小肠炎。

【诊断要点】根据球形球孔吸虫体型小，腹吸盘大，生殖孔开口于咽的一侧，睾丸前后排列，位于虫体的后端或后1/4处等形态结构进行鉴定和确诊。

【防治措施】参考鸭东方杯叶吸虫病的防治措施。

鸭舟形嗜气管吸虫病

鸭舟形嗜气管吸虫病是由舟形嗜气管吸虫寄生于鸭等禽类气管、支气管、鼻腔、气囊内引起的一种寄生虫病。各种日龄的鸡、鸭、鹅均可感染发病，其中以中大鸭多见。本病在全国多数省份均有报道。

【病原】舟形嗜气管吸虫属枭形目、盲腔科、嗜气管属。虫体呈椭圆形，两端钝圆。新鲜虫体为粉红色，大小为（7.1～11.08）毫米×（2.51～4.56）毫米，口吸盘退化，有前咽、咽和食管，食管短，两肠支沿虫体两侧向后在虫体末端汇合，肠支内侧有许多盲状突起，每侧11～13个。睾丸2个前后斜列于虫体后1/5处，前睾丸大小为（0.36～0.47）毫米×（0.37～0.48）毫米，后睾丸大小为（0.32～0.46）毫米×（0.35～0.44）毫米。雄茎囊呈袋状，位于肠分支上，生殖孔开口于咽前的体中央。卵巢呈球形，位于前睾丸的另一侧，并与两个睾丸形成倒三角形，大小为（0.38～0.42）毫米×（0.29～0.43）毫米，卵黄腺沿肠支分布，子宫盘曲于两肠间（图245）。虫卵大小为（120～134）微米×（65～68）微米，内含毛蚴（图246）。

图245 鸭舟形嗜气管吸虫病
舟形嗜气管吸虫的虫体形态。（江斌）

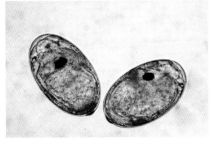

图246 鸭舟形嗜气管吸虫病
舟形嗜气管吸虫的虫卵形态。（江斌）

【典型症状与病变】虫体寄生阻塞气管，病鸭出现咳嗽、气喘等呼吸道症状，严重者虫体阻塞气管造成窒息而死亡。剖检可在气管、支气管、气囊内发现本虫体（图247）。同时上呼吸道黏膜或/和浆膜充血、出血。

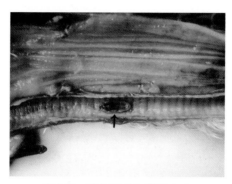

图247　鸭舟形嗜气管吸虫病

气管充血或/和出血，管壁见有寄生的舟形
嗜气管吸虫。（江斌）

【诊断要点】上呼吸道内发现虫体，并经形态观察、鉴定可做出诊断。

【防治措施】本病的预防一是减少到水边放牧，避免采食到淡水螺（中间宿主），二是用抗吸虫药定期驱虫。本病的治疗可用阿苯达唑或吡喹酮等药物。

鸭圆头异幻吸虫病

鸭圆头异幻吸虫病是由圆头异幻吸虫寄生于鸭、鸡小肠内引起的一种寄生虫病。各种日龄的鸭、鸡均可感染发病。本病的发生与鸭等禽类水池放牧、接触中间宿主（水蛭、鱼）密切相关。本病在四川、广东等地有报道。

【病原】圆头异幻吸虫属枭形科、异幻属。虫体长2.256～2.655毫米，分前后两部分。前体呈圆形，大小为（0.68～0.827）毫米×（0.492～0.623）毫米，有口吸盘、腹吸盘和咽。后体为长圆形，大小为（1.433～1.692）毫米×（0.581～0.653）毫米，有雌雄生殖器官。

口吸盘大小为（0.073～0.172）毫米×（0.084～0.123）毫米，腹吸盘大小为（0.173～0.204）毫米×（0.125～0.282）毫米，咽大小为0.101毫米×0.1毫米。睾丸2个，前后排列，前睾丸呈类圆形，大小为（0.282～0.393）毫米×（0.341～0.4）毫米，后睾丸呈略三角形，大小为（0.311～0.402）毫米×（0.372～0.423）毫米。卵巢呈圆形，位于前睾丸之前，大小为（0.119～0.141）毫米×（0.148～0.179）毫米（图248）。虫卵大小为（99～104）微米×（65～82）微米。

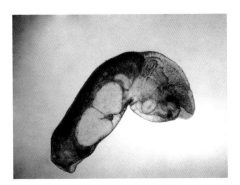

图248　鸭圆头异幻吸虫病

圆头异幻吸虫虫体形态。（江斌）

【典型症状与病变】本病在临床上多表现为隐性感染，一般无明显的临床症状。严重感染时表现为贫血、出血性肠炎，甚至死亡（图249）。

图249　鸭圆头异幻吸虫病

小肠黏膜潮红、肿胀、充血、出血。（江斌）

【诊断要点】通过粪便中检出虫卵以及在病死鸭的小肠内检出圆头异幻吸虫虫体即可确诊。

【防治措施】本病的治疗可用硫双二氯酚（每千克体重10毫克，连用3天）或阿苯达唑（每千克体重25毫克，连用3天）均有较好的治疗效果。

鸭角杯尾吸虫病

鸭角杯尾吸虫病是由角杯尾吸虫寄生于鸭等禽类小肠引起的一种寄生虫病。发病情况与鸭圆头异幻吸虫病类似。

【病原】角杯尾吸虫属枭形科、杯尾属。虫体分前后两部分，长度为1.31～2.22毫米，前体短于后体。前体呈杯状，大小为（0.52～0.62）毫米×（0.51～0.59）毫米，后体呈圆柱状，大小为（1.42～1.68）毫米×（0.43～0.65）毫米。前体前端的空腔开口较宽，内外两叶黏附器较粗大。口吸盘呈圆盘状，位于前体的背端，大小为（0.06～0.08）毫米×（0.055～0.078）毫米，腹吸盘距咽很近，大小为（0.1～0.12）毫米×（0.105～0.133）毫米，咽小。睾丸2个，前后排列，位于后体的中部，呈圆形或略显分叶状，前睾大小为（0.32～0.35）毫米×（0.28～0.34）毫米，后睾大小为（0.31～0.37）毫米×（0.32～0.38）毫米。卵巢位于前睾丸之前，呈圆形或椭圆形，大小为（0.12～0.15）毫米×（0.11～0.13）毫米，卵黄腺充满整个后体腹面。子宫不发达。在虫体后端有一个球状的肌肉突起（肌肉球）（图250和图251）。虫卵大小为（90～106）微米×（63～73）微米。

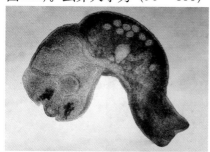

图250　鸭角杯尾吸虫病

角杯尾吸虫虫体形态。（江斌）

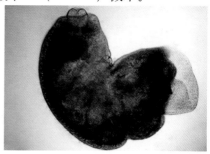

图251　鸭角杯尾吸虫病

角杯尾吸虫虫体形态（活体）。（江斌）

【典型症状与病变】与鸭圆头异幻吸虫病类似。

【诊断要点】在小肠内检出角杯尾吸虫，并对其形态和内部结构进行鉴定而确诊。

【防治措施】参考鸭圆头异幻吸虫病的防治措施。

【注意事项】本病与鸭圆头异幻吸虫病的流行病学和临床症状、病变相似，鉴别诊断需做虫体鉴定。

鸭小异幻吸虫病

鸭小异幻吸虫病是由小异幻吸虫寄生于鸭小肠内引起的一种寄生虫病。本病只见于鸭，其他禽类目前尚未发现因鸭小异幻吸虫寄生发病。

【病原】小异幻吸虫属枭形科、异幻属。虫体较小而粗短，体长1.2～1.44毫米，前体发达，向背面弯曲，呈逗点状。口吸盘呈圆形，位于虫体的前亚端，腹吸盘呈圆形，位于前体的中部。咽小，有时不明显。具有内外两叶黏附器，黏附腺呈多瓣状，位于前后体交界处，自腹吸盘之后辐射出许多丝状纤维状囊，向后体背面延伸，直达虫体的后部。睾丸呈多瓣状，位于后体中部，前后排列。贮精囊位于睾丸背后，呈袋状。卵黄腺由小型球状滤泡团块组成，自后体前端开始向后伸展，充满整个后体腹面，不进入前体（图252）。子宫不发达，虫卵少。虫卵大小为（90～100）微米×（60～70）微米（图253）。一般寄生于鸡、鸭、鹅的小肠内。

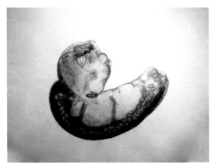

图252　鸭小异幻吸虫病
小异幻吸虫虫体形态。（江斌）

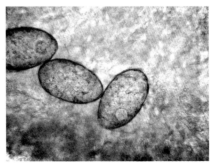

图253　鸭小异幻吸虫病
鸭小异幻吸虫虫卵形态。（江斌）

【典型症状与病变】小肠增粗、发红，剖开见黏膜肿胀、潮红、充血、出血，呈出血性肠炎（图254）。

图254　鸭小异幻吸虫病
小肠黏膜潮红、肿胀、充血、出血。（江斌）

【诊断要点】在小肠内检出鸭小异幻吸虫，并对其形态和内部结构进行鉴定而确诊。

【防治措施】参考鸭圆头异幻吸虫病的防治措施。

【注意事项】本病与鸭圆头异幻吸虫病的流行病学和临床症状、病变相似，鉴别诊断需做虫体鉴定。

鸭卷棘口吸虫病

　　鸭卷棘口吸虫病是由卷棘口吸虫寄生于鸭等禽类的直肠、盲肠（少数也在小肠）内引起的一种寄生虫病。鸭、鸡、鹅以及其他野生禽类均可感染发病。本病分布于世界各地，我国除青海和西藏外，其他省市均有本病的报道。

　　【病原】卷棘口吸虫属棘口目、棘口科、棘口属。虫体呈长叶形，比较厚，大小为（7.2～16.2）毫米×（1.15～1.82）毫米。头领呈肾状，宽为0.52～0.96毫米，头棘有37枚，前后交错排列。体表棘从头领开始由密变疏向后分布至睾丸处。口吸盘位于虫体顶端，圆形，大小为（0.31～0.55）毫米×（0.32～0.44）毫米。腹吸盘为圆盘状，位于体前1/5处，大小为（1.08～1.88）毫米×（1.8～2.22）毫米。

前咽长，食管也长，两肠支沿体两侧伸至虫体亚末端。睾丸2个，长椭圆形，前后排列，位于虫体后1/2处，前睾大小为（0.8～2.2）毫米×（0.72～1.32）毫米，后睾大小为（0.55～0.75）毫米×（0.95～1.22）毫米。卵黄腺呈滤泡状，自腹吸盘后方开始沿两侧向后分布至虫体亚末端（图255）。子宫长，内含有大量虫卵，虫卵大小为（106～126）微米×（64～72）微米。

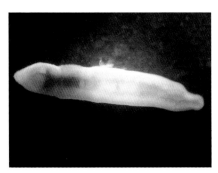

图255 鸭卷棘口吸虫病
卷棘口吸虫的虫体形态。（江斌）

【**典型症状与病变**】少量寄生时，一般无明显的症状。严重感染时可导致病鸭出现食欲不振、消化不良、下痢、粪便中混有黏液。此外，病鸭还有贫血、消瘦、发育不良等症状。剖检可见肠黏膜肿胀，不同程度的充血、出血。肠黏膜上见有虫体附着（图256）。

图256 鸭卷棘口吸虫病
小肠内寄生的卷棘口吸虫（↑）。（江斌）

【诊断要点】盲肠、直肠、小肠内检出卷棘口吸虫，同时在显微镜下对其形态、内部结构进行鉴定而确诊。

【防治措施】改变饲养方式，减少户外放牧饲养，同时定期使用广谱驱虫药进行驱虫可预防本病的发生。

本病的治疗可选用硫双二氯酚（每千克体重150～200毫克）拌料治疗或使用氯硝柳胺（每千克体重50～60毫克），也可使用阿苯达唑（每千克体重25毫克）拌料治疗均有治疗效果。

鸭宫川棘口吸虫病

鸭宫川棘口吸虫病是由宫川棘口吸虫寄生于鸭、鸡、鹅等禽类的直肠、盲肠（少数也在小肠）内引起的一种寄生虫病。本病在我国分布广泛，多数省份均有报道。宫川棘口吸虫主要寄生于在鸭、鸡、鹅等禽类的大、小肠引起发病，也可寄生于犬、羊、兔等肠道内。

【病原】宫川棘口吸虫属棘口目、棘口科、棘口属。虫体呈长叶形，大小为（10.2～17.8）毫米×（1.88～2.64）毫米。头领发达，具有头棘37枚，前后排列为两列。体表棘从头冠开始分布至前睾丸处，由前向后逐渐变疏。口吸盘位于顶端，大小为（0.33～0.41）毫米×（0.35～0.45）毫米。腹吸盘呈球状，位于体前1/5处，大小为（0.95～1.12）毫米×（0.98～1.21）毫米。前咽短，食管长，两肠支沿体两侧伸至虫体亚末端。睾丸位于虫体后1/2处，前后排列，边缘有2～5个分叶，前睾大小为（0.88～1.08）毫米×（0.87～1.12）毫米，后睾大小为（0.98～1.22）毫米×（0.92～1.18）毫米。雄茎囊呈椭圆形，位于肠分叉与腹吸盘之间。卵巢呈椭圆形，位于前睾之前，大小为（0.42～0.53）毫米×（0.53～0.75）毫米。卵黄腺自腹吸盘后缘开始沿体两侧向后延伸至虫体亚末端，一侧卵黄腺在后睾之后发生间断（图257）。子宫发达，内含有大量虫卵，虫卵大小为（92～104）微米×（62～68）微米。

图257　鸭宫川棘口吸虫病
宫川棘口吸虫虫体形态。（江斌）

【**典型症状与病变**】与鸭卷棘口吸虫病类似。但宫川棘口吸虫多寄生于直肠和盲肠，剖检见肠黏膜肿胀、充血、出血，并见有寄生的虫体（图258）。

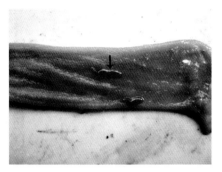

图258　鸭宫川棘口吸虫病
直肠黏膜肿胀、充血、出血，见有虫体寄
生附着（↑）。（江斌）

【**诊断要点**】本吸虫与卷棘口吸虫在形态结构上基本相似。但前者的睾丸分叶明显，卵黄腺在后睾丸后有间断，虫体相对较薄；而卷棘口吸虫的睾丸为长椭圆形，卵黄腺分布均匀，虫体相对较厚，不易压成薄片。

【**防治措施**】参考鸭卷棘口吸虫病的防治措施。

【**注意事项**】本病与鸭卷棘口吸虫病的临床症状、病变相似，鉴别诊断需做虫体鉴定。

鸭接睾棘口吸虫病

鸭接睾棘口吸虫病是由接睾棘口吸虫寄生于鸭等禽类肠道内引起的一种寄生虫病。本病在全国多数省均有报道。

【**病原**】接睾棘口吸虫属棘口目、棘口科、棘口属。虫体呈长叶形，大小为（5.6～7.4）毫米×（1.8～1.9）毫米。头领宽，具有头棘37枚，体表小棘自头领分布到腹吸盘后缘。口吸盘大小为（0.16～0.18）毫米×（0.22～0.27）毫米。腹吸盘位于虫体前1/4处，大小为（0.79～0.86）毫米×（0.81～0.83）毫米。食管长，两肠支沿体两侧伸至虫体后端。睾丸2个,前后排列于虫体中后部,形状呈工字形,前睾大小为 (0.55～0.63) 毫米×(0.81～1.02) 毫米,后睾大小为 (0.69～0.7) 毫米×(0.71～0.8) 毫米。卵巢位于前睾丸的前方中央,大小为 (0.25～0.27) 毫米×(0.48～0.51) 毫米。卵黄腺分布于虫体两侧 (图259和图260)。虫卵大小为 (103～108) 微米×(58～61) 微米。

图259　鸭接睾棘口吸虫病

接睾棘口吸虫虫体形态。(江斌)

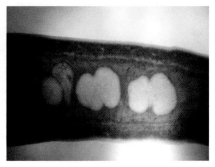

图260　鸭接睾棘口吸虫病

接睾棘口吸虫的睾丸和卵巢形态。(江斌)

【典型症状与病变】与鸭卷棘口吸虫病类似。但鸭接睾棘口吸虫主要寄生在小肠内,引起肠黏膜肿胀、充血,并见有虫体寄生附着 (图261)。

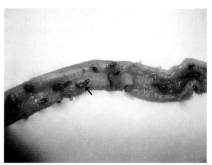

图261　鸭接睾棘口吸虫病

小肠黏膜充血,虫体寄生附着 (↑)。

(江斌)

【诊断要点】本病的确诊需对虫体的形态和内部结构进行细致观察,特别注意睾丸是否呈工字形。

【防治措施】参考鸭卷棘口吸虫病的防治措施。

【注意事项】本病与鸭卷棘口吸虫病的临床症状、病变相似，鉴别诊断需做虫体鉴定。

鸭曲颈棘缘吸虫病

鸭曲颈棘缘吸虫病是由曲颈棘缘吸虫寄生在鸭等畜禽小肠、盲肠和直肠内引起的一种寄生虫病。发病季节多见于夏、秋季节。本病在全国多数省均有报道。

【病原】曲颈棘缘吸虫属棘口目、棘口科、棘缘属。虫体呈长叶形，体前部通常向腹面弯曲，大小为（4.1～5.25）毫米×（0.68～0.9）毫米，腹吸盘处最宽。头领发达，具有头棘45枚。体表棘从头领后开始止于腹吸盘与卵巢之间，也是前密后疏。口吸盘位于虫体的亚顶端，大小为（0.132～0.16）毫米×（0.12～0.15）毫米。腹吸盘位于体前部1/4处，大小为（0.44～0.5）毫米×（0.4～0.48）毫米。食管长，两肠支沿体两侧伸至虫体亚末端。睾丸位于虫体后半部，呈长椭圆形，前后相接或略有重叠，前睾大小为（0.45～0.66）毫米×（0.21～0.38）毫米，后睾大小为（0.25～0.45）毫米×（0.25～0.38）毫米。卵巢呈球形，位于虫体中央，直径为0.18～0.22毫米。卵黄腺自腹吸盘后缘开始沿两侧分布至虫体亚末端（图262和图263）。子宫不发达，虫卵少，虫卵大小为（94～106）微米×（58～68）微米。

图262　鸭曲颈棘缘吸虫病

曲颈棘缘吸虫虫体形态。（江斌）

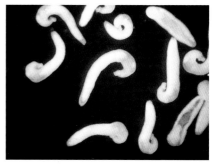

图263　鸭曲颈棘缘吸虫病

体视显微镜下，曲颈棘缘吸虫虫体形态。（江斌）

【典型症状与病变】病鸭主要表现为下痢、消瘦、贫血以及发育不良等症状，严重者死亡。剖检见小肠壁增厚，黏膜溃疡（图264）。

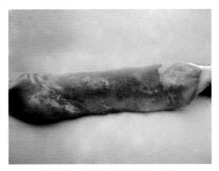

图264　鸭曲颈棘缘吸虫病

小肠黏膜溃疡。（江斌）

【诊断要点】由于曲颈棘缘吸虫有其特征性的形态：即体前部向腹面弯曲（曲颈表现），易与其他种类寄生虫鉴别诊断。

【防治措施】参考鸭卷棘口吸虫病的防治措施。

【注意事项】本病与鸭卷棘口吸虫病的临床症状、病变相似，鉴别诊断需做虫体鉴定。

鸭似锥低颈吸虫病

鸭似锥低颈吸虫病是由似锥低颈吸虫寄生在鸭等禽类小肠内引起的一种寄生虫病。本病在全国多数省份均有发生。似锥低颈吸虫是一种世界性广泛分布的吸虫种类。

【病原】似锥低颈吸虫属棘口目、棘口科、低颈属。虫体肥厚，腹吸盘处最宽，腹吸盘之后虫体逐渐狭小如锥状，大小为（5.2～11.8）毫米×（0.83～1.79）毫米。头领呈半圆形，具有头棘49枚，体表棘自头颈之后分布到卵巢处终止。口吸盘位于虫体亚前端，大小为（0.13～0.24）毫米×（0.3～0.4）毫米。腹吸盘发达，大小为（0.62～1.2）毫米×（1.16～1.2）毫米，比口吸盘大6倍。食管短，两肠支伸至虫体的亚末端。睾丸2个，位于虫体中部或后1/2处，呈腊肠状，前后排列，前睾大小为（0.51～1.14）毫米×（0.23～0.46）毫米，后睾大小为（0.55～1.3）毫米×（0.21～0.48）毫米。卵巢呈类圆形，位于前睾之前的中央，大小为（0.26～0.28）毫米 ×（0.4～0.44）毫米。卵黄腺自腹吸盘后缘开始延伸至虫体亚末端（图265至图268）。子宫发达，内有大量虫卵，虫卵大小为（86～99）微米 ×（52～66）微米。

图265　鸭似锥低颈吸虫病

似锥低颈吸虫虫体形态。（江斌）

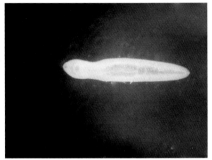

图266　鸭似锥低颈吸虫病

体视显微镜下，似锥低颈吸虫虫体形态。（江斌）

图267　鸭似锥低颈吸虫病

似锥低颈吸虫的头部形态。（江斌）

图268　鸭似锥低颈吸虫病

似锥低颈吸虫的睾丸形态。（江斌）

【典型症状与病变】病鸭主要表现为下痢、消瘦、贫血、发育不良等症状。剖检可见小肠明显膨大，剖开见肠腔充有多量混有黏液的内容物，肠黏膜上吸附着许多粉红色虫体。

【诊断要点】在肠内检出似锥低颈吸虫，并对其进行形态、内部结构鉴定而确诊。

【防治措施】参考鸭卷棘口吸虫病的防治措施。

【注意事项】本病与鸭卷棘口吸虫病和鸭曲颈棘缘吸虫病的临床症

状、病变相似，鉴别诊断需做虫体鉴定。

鸭凹形隐叶吸虫病

鸭凹形隐叶吸虫病是由凹形隐叶吸虫寄生于鸭小肠内引起的一种寄生虫病。本病在俄罗斯、罗马尼亚、匈牙利、意大利等国家均有记载。在我国首先由严如柳（1959年）于福州家鸭小肠内发现，以后在浙江、江西、安徽等省的家鸭小肠内均有本病记录。传播与家鸭放牧至水田采食泥鳅有关。

【病原】凹形隐叶吸虫属后睾目、异型科、隐叶属。虫体很小，体表有棘，呈卵圆形或仙桃形，前端稍尖，后端底部略凹，大小为（0.28～0.88）毫米×（0.41～1.1）毫米。口吸盘呈圆形，大小为0.08～0.11毫米。腹吸盘较小，位于肠叉后方，大小为（0.03～0.036）毫米×（0.031～0.035）毫米。有前咽、咽和食管。两肠支发达，可伸到两睾丸后方的底部。睾丸2个呈圆形或稍分叶，对称排列于虫体后部。左睾丸大小为（0.175～0.2）毫米×（0.08～0.09）毫米，右睾丸大小为（0.13～0.21）毫米×（0.075～0.09）毫米。卵巢呈圆形或稍分叶，位于2睾丸中间之前，大小为（0.1～0.15）毫米×（0.05～0.1）毫米。有明显的生殖吸盘，位于腹吸盘后方。子宫短，内有大量虫卵。卵黄腺分布于虫体两侧及肠支内侧，前起于肠叉，后止于虫体末端（图269至图271）。虫卵很小，表面粗糙，一端有卵盖，大小为（27～38）微米×（16～22）微米（图272）。

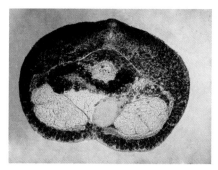

图269　鸭凹形隐叶吸虫病

凹形隐叶吸虫虫体形态。（江斌）

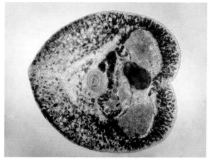

图270　鸭凹形隐叶吸虫病

凹形隐叶吸虫的虫体形态（活体）。（江斌）

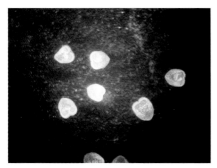

图271 鸭凹形隐叶吸虫病

体式显微镜下，凹形隐叶吸虫虫体形态。（江斌）

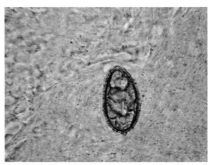

图272 鸭凹形隐叶吸虫病

凹形隐叶吸虫的虫卵形态。（江斌）

【典型症状与病变】家鸭到水田中放牧吃到第二中间宿主泥鳅后第2～3天即可发病，可见病鸭精神沉郁，拉黄白色稀粪，严重时可导致病鸭死亡。剖检可见小肠中后段肿大明显；切开肠壁可见内容物为水样。病程长的病鸭可见小肠肿大异常明显，肠壁上可出现不同程度的坏死灶，内容物内含有干酪样及其他炎症内容物（图273和图274）。

图273 鸭凹形隐叶吸虫病

小肠充血发红。（江斌）

图274 鸭凹形隐叶吸虫病

小肠极度膨大、增粗，肠壁见有坏死灶。（江斌）

【诊断要点】在小肠的中后段检出凹形隐叶吸虫的成熟虫体和虫卵即可诊断。

【防治措施】改变饲养方式，不到水田放牧，定期使用广谱驱虫药进行驱虫等可有效预防本病。本病的治疗可用阿苯达唑（按每千克体重25毫克口服，每天1次，连用3天）等药物。

鸭普氏剑带绦虫病

鸭普氏剑带绦虫病是由普氏剑带绦虫寄生于鸭等禽类小肠内引起的一种寄生虫病。各种日龄的鸡、鸭、鹅等禽类均可感染，其中幼禽最易感，发病程度也较严重，成年禽多为带虫者。

【病原】普氏剑带绦虫属圆叶目、膜壳科、剑带属。虫体长度为36～126毫米，前端细长，后端渐宽。头节细小，吻突多伸出体外，吻钩10个。吸盘椭圆形，4个（图275）。睾丸3个，椭圆形，位于节片中央呈直线横列。卵巢呈囊状，不分支，位于第2、3睾丸腹面。六钩蚴大小为21微米×22微米（图276）。

图275　鸭普氏剑带绦虫病

普氏剑带绦虫的头节形态。（江斌）

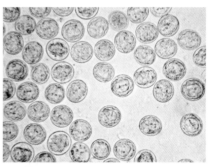

图276　鸭普氏剑带绦虫病

普氏剑带绦虫的卵形态。（江斌）

【典型症状与病变】病鸭主要表现腹泻，食欲不振，生长发育受阻，贫血，消瘦等症状。剖检见小肠有大量剑带绦虫寄生，小肠呈肠炎病变。

【诊断要点】在小肠检出成虫，经形态和内部结构鉴定而确诊。

【防治措施】预防上，在本病流行地区禁止鸭、鹅、鸡等禽类接触水池等水源地，定期使用广谱驱虫药进行预防驱虫。

本病的治疗可使用氢溴酸槟榔（剂量为每千克体重1.0～1.5毫克）或硫双二氯酚（按每千克体重100～200毫克）或吡喹酮（按每千克体重10～15毫克）或阿苯达唑（按每千克体重20～25毫克）或氯硝柳胺（按每千克体重50～100毫克）均有较好效果。

鸭分支膜壳绦虫病

鸭分支膜壳绦虫病是由分支膜壳绦虫寄生在鸭、鸡小肠内引起的一种寄生虫病。各种日龄的鸭、鸡均可感染发病，但幼禽感染后症状比较严重。

【病原】分支膜壳绦虫属圆叶目、膜壳科、膜壳属。虫体呈乳白色，长度为5～15毫米，头节呈锥形，顶突细长，有10个小钩，吸盘无棘。睾丸3个，粗大，呈卵圆形，呈直线横列于节片中后部。卵巢分为两个叶（图277）。孕节片内含有大量虫卵。虫卵大小为（48～60）微米×（32～45）微米（图278）。

图277　鸭分支膜壳绦虫病

分支膜壳绦虫的头节形态。（江斌）

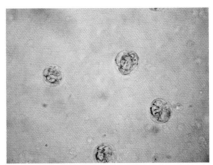

图278　鸭分支膜壳绦虫病

分支膜壳绦虫的虫卵形态。（江斌）

【典型症状与病变】病鸭表现食欲不振，腹泻，贫血，消瘦等症状。剖检可见小肠内含有大量白色绦虫，伴有明显的肠炎病变。

【诊断要点】在小肠内检出成虫，经形态和内部结构鉴定即可确诊。

【防治措施】参考鸭普氏剑带绦虫病的预防措施。

鸭美丽膜壳绦虫病

鸭美丽膜壳绦虫病是由美丽膜壳绦虫寄生于鸭等禽类小肠内引起的一种寄生虫病。各种日龄的鸭、鸡、鹅等禽类均可感染发病。我国的四川、江苏、浙江、江西、福建、贵州、云南均有本病的报道。

【病原】美丽膜壳绦虫属圆叶目、膜壳科、膜壳属。虫体长度为30～45毫米，全部节片的宽度大于长度。头节圆形，较大，吻突较短，上有吻钩8个。有4个吸盘（图279至图281）。睾丸3个，呈圆形或椭圆形，呈直线排列于节片下边缘。卵巢呈分瓣状，位于3个睾丸上方（图282）。六钩蚴呈卵圆形，大小为23微米×16微米（图283）。

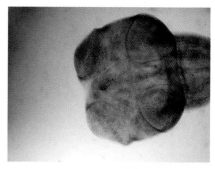

图279　鸭美丽膜壳绦虫病

美丽膜壳绦虫的头节形态。（江斌）

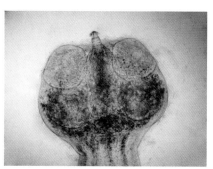

图280　鸭美丽膜壳绦虫病

美丽膜壳绦虫的头节形态（吻突伸出）。（江斌）

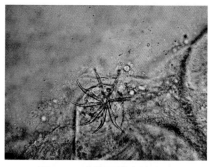

图281　鸭美丽膜壳绦虫病

美丽膜壳绦虫的头节吻突上钩的数量与形态。（江斌）

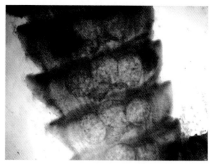

图282　鸭美丽膜壳绦虫病

美丽膜壳绦虫的节片中睾丸形态。（江斌）

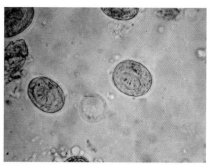

图283　鸭美丽膜壳绦虫病

美丽膜壳绦虫的虫卵形态。（江斌）

【典型症状与病变】与鸭分支膜壳绦虫病类似。

【诊断要点】在小肠内检出成虫，经形态和内部结构鉴定即可确诊。

【防治措施】参考鸭普氏剑带绦虫病的预防措施。

【注意事项】本病与鸭分支膜壳绦虫病的临床症状、病变相似，鉴别诊断需做虫体鉴定。

鸭冠状双盔绦虫病

鸭冠状双盔绦虫病是由冠状双盔绦虫寄生于鸭等禽类小肠、盲肠内引起的一种常见寄生虫病。本虫对鸭、鸡、鹅均有致病性，且致病力较强，特别对幼禽的危害性更大，可造成大批幼禽死亡，常呈地方流行性。本病在全国多个省份均有报道。

【病原】冠状双盔绦虫属圆叶目、膜壳科、双盔属。虫体长度为85～252毫米，最大宽度为3.5毫米（图284）。头节细小，吻突多伸出体外，吻钩18～22个形成冠状。吸盘4个，呈圆形或椭圆形（图285和图286）。生殖孔开口于虫体一侧节片的边缘中部。睾丸3个，1个位于生殖孔侧，另2个位于其反侧，排成三角形，大小为（0.321～0.431）毫米×（0.242～0.374）毫米；雄茎粗壮，有小棘。卵巢分瓣呈扇形，位于节片中央，横径0.191～0.687毫米，长径0.063～0.142毫米（图287）。六钩蚴呈卵圆形，大小为（16～23）微米×（14～15）微米（图288）。

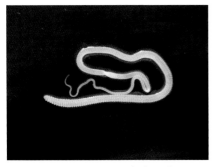

图284　鸭冠状双盔绦虫病

冠状双盔绦虫的肉眼形态。（江斌）

图285　鸭冠状双盔绦虫病

冠状双盔绦虫的头节形态。（江斌）

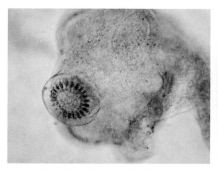

图286　鸭冠状双盔绦虫病

冠状双盔绦虫的头节吻突上钩的数量和形态。（江斌）

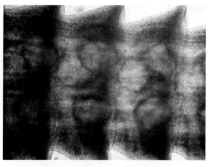

图287　鸭冠状双盔绦虫病

冠状双盔绦虫的孕节片中睾丸形态。（江斌）

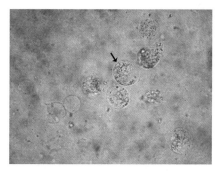

图288　鸭冠状双盔绦虫病

冠状双盔绦虫的虫卵形态。（江斌）

【典型症状与病变】病鸭表现食欲不振，腹泻，贫血，消瘦等症状。剖检可见小肠内充有大量白色细长的绦虫，严重时可阻塞小肠或造成肠穿孔。本病可引起雏鸭死亡。

【诊断要点】在小肠内检出成虫，经形态和内部结构鉴定即可确诊（特别是头节上有一圈数量为18～22个小钩，具有特征性）。

【防治措施】参考鸭普氏剑带绦虫病的预防措施。

鸭片形�缘绦虫病（皱褶绦虫病）

鸭片形�缘绦虫病是由片形�缘绦虫寄生于鸭等禽类小肠内引起的一种常见寄生虫病。鸭、鸡、鹅以及雁形目鸟类对本病易感，各种日龄均可发生。本病分布很广，在我国多数省份均有发生，多为散发，也可呈地方流行性。

【病原】片形瑟缘绦虫属圆叶目、膜壳科、瑟缘属。本虫属于大型绦虫，长度为200～400毫米，宽2～5毫米。真头节较小，易脱落，上有4个吸盘以及吻突上有10个小钩。真头节后有一个很大呈皱褶状的假头（实际为附着器），大小为（1.9～6）毫米×1.5毫米（图289和图290）。睾丸3个，为卵圆形。卵巢呈网状分布，串连于全部成熟节片。子宫也贯穿整个链体，孕节片内的子宫为短管状，管内充满虫卵（单个排列）。虫卵为椭圆形，两端稍尖，外有一层薄而透明的卵囊外膜，大小为131微米×74微米，内含有六钩蚴（图291）。

图289　鸭片形瑟缘绦虫病

片形瑟缘绦虫的头节形态。（江斌）

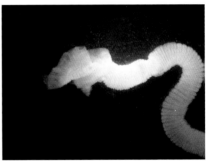

图290　鸭片形瑟缘绦虫病

体视显微镜下，片形瑟缘绦虫的头节形态。（江斌）

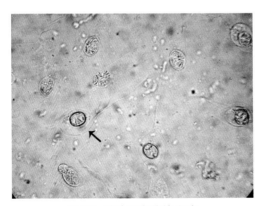

图291　鸭片形瑟缘绦虫病

片形瑟缘绦虫的虫卵形态（↑）。（江斌）

【典型症状与病变】病鸭表现食欲不振，腹泻，贫血，消瘦等症状。剖检可见小肠内堆积大量白色细长的绦虫，严重时可阻塞小肠或造成肠穿孔等病例。

【诊断要点】本病的诊断需要观察虫体的特征性假头（呈扫帚状），且虫体比较长等特点而确诊。

【防治措施】参考鸭普氏剑带绦虫病的预防措施。

【注意事项】本病与鸭冠状双盔绦虫病的临床症状、病变相似，鉴别诊断需做虫体鉴定。

鸭美彩网宫绦虫病

鸭美彩网宫绦虫病是由美彩网宫绦虫寄生于鸭、鹅小肠内引起的一种寄生虫病，在四川、重庆、福建和广东省等地均有报道。

【病原】美彩网宫绦虫属圆叶目、膜壳科、网宫属。虫体长度为31～87毫米（图292）。头节呈圆形，上面有吸盘4个，吻钩较短，上面有8个吻钩。吸盘4个（图293），睾丸3个，圆形或椭圆形，呈直线横列于节片中后部，直径为0.126～0.548毫米（图294）。卵巢位于3个睾丸的前方，成熟节片中的卵巢十分发达，分瓣明显，大小为（0.735～0.864）毫米×（0.096～0.302）毫米。虫卵呈椭圆形，内含六钩蚴，大小为24微米×16微米（图295）。

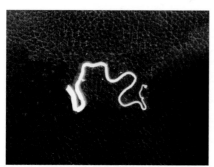

图292　鸭美彩网宫绦虫病

美彩网宫绦虫的肉眼形态。（江斌）

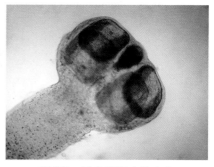

图293　鸭美彩网宫绦虫病

美彩网宫绦虫的头节形态。（江斌）

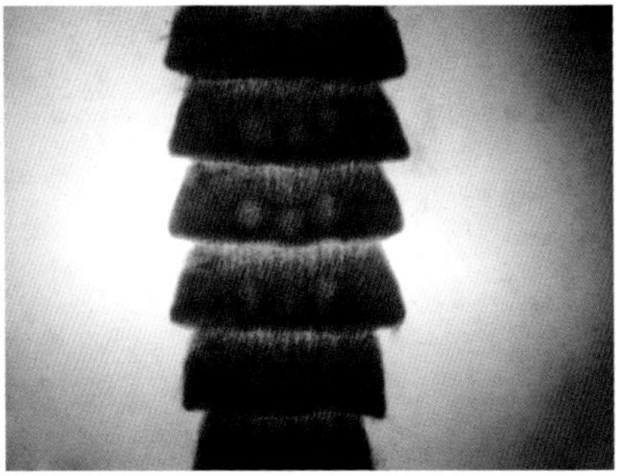

图294　鸭美彩网宫绦虫病
美彩网宫绦虫节片中的睾丸形态。（江斌）

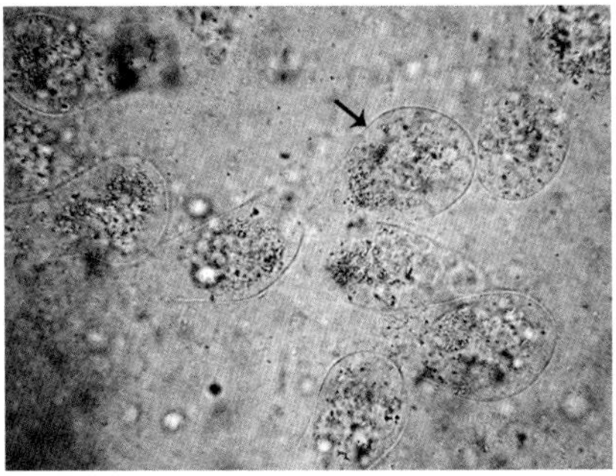

图295　鸭美彩网宫绦虫病
美彩网宫绦虫的虫卵形态（↑）。（江斌）

【典型症状与病变】与鸭冠状双盔绦虫病类似。

【诊断要点】根据美彩网宫绦虫的形态特征以及内部结构进行鉴定、诊断。

【防治措施】参考鸭普氏剑带绦虫病的预防措施。

【注意事项】本病与鸭冠状双盔绦虫病和鸭片形縫缘绦虫病的临床症状、病变相似，鉴别诊断需做虫体鉴定。

鸭福建单睾绦虫病

鸭福建单睾绦虫病是由福建单睾绦虫寄生于鸭、鹅小肠内引起的一种寄生虫病。本病主要发生于鸭和鹅，发病季节多集中在夏天和秋天，我国多数省均有报道。

【病原】福建单睾绦虫属圆叶目、膜壳科、单睾属。虫体长度为31～110毫米，节片全部宽度大于长度。头节呈椭圆形，大小为（0.337～0.463）毫米×（0.272～0.302）毫米。吻突常伸出头外，也有留在头节内。吻突上有10个吻钩。吸盘4个，呈圆形或椭圆形，上有许多小棘。睾丸1个，呈圆形或椭圆形，位于节片中央，生殖孔对侧，大小为（0.079～0.107）毫米×（0.051～0.071）毫米。卵巢呈囊状，分成三瓣位于节片中央，大小为（0.037～0.039）毫米×（0.127～0.129）毫米。孕节片内的子宫呈囊状，内含大量虫卵（图296至图301）。虫卵呈长椭圆形，内含六钩蚴，大小为（70～81）微米×（36～41）微米（图302）。

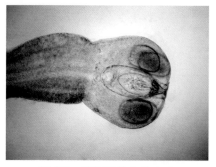

图296　鸭福建单睾绦虫病

福建单睾绦虫的头节形态（吻突不伸出）。（江斌）

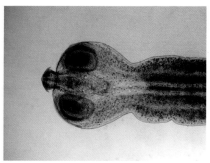

图297　鸭福建单睾绦虫病

福建单睾绦虫的头节形态（吻突伸出）。（江斌）

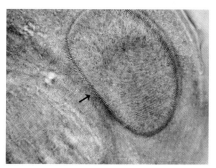

图298　鸭福建单睾绦虫病

福建单睾绦虫的头节上吸盘形态（↑）。（江斌）

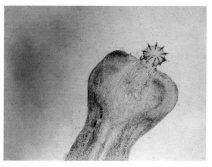

图299　鸭福建单睾绦虫病

福建单睾绦虫头节吻突上钩的数量与形态。（江斌）

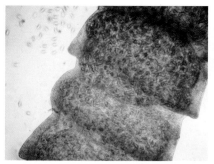

图300　鸭福建单睾绦虫病

福建单睾绦虫孕节片中含大量虫卵。（江斌）

图301　鸭福建单睾绦虫病

福建单睾绦虫节片中的睾丸形态。（江斌）

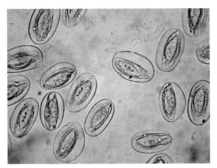

图302　鸭福建单睾绦虫病

福建单睾绦虫的虫卵形态。（江斌）

【**典型症状与病变**】与鸭冠状双盔绦虫病类似。虫体寄生于小肠，致肠黏膜充血、出血，见有虫体寄生附着（图303）。

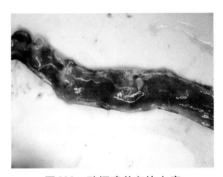

图303　鸭福建单睾绦虫病

小肠黏充血、出血，见有虫体寄生附着。
（江斌）

【**诊断要点**】根据福建单睾绦虫的外部形态及内部结构进行鉴别和确诊（特别要注意头节形态和节片内睾丸数量）。

【**防治措施**】参考鸭普氏剑带绦虫病的预防措施。

【**注意事项**】本病与鸭冠状双盔绦虫病和鸭片形瑇缘绦虫病的临床症状、病变相似，鉴别诊断需做虫体鉴定。

鸭秋鸡单睾绦虫病

鸭秋鸡单睾绦虫病是由鸭秋鸡单睾绦虫寄生于鸭、鹅小肠内引起的一种寄生虫病。本病主要见于鸭和鹅，发生季节多集中在夏天和秋天。我国的河南、安徽、浙江、福建、广东、广西、云南等地均见有本病的报道。

【病原】鸭秋鸡单睾绦虫属圆叶目、膜壳科、单睾属。虫体长度为46～80毫米。头节呈圆形，吻突有时伸出头外，上有10个吻钩（图304）。吸盘4个，呈圆形或椭圆形。睾丸1个，呈椭圆形，位于节片中央，大小为（0.066～0.078）毫米×（0.042～0.053）毫米。雄茎囊粗长，上有小棘。卵巢呈囊状，不分支，但分为左右两瓣，位于节片中央，大小为（0.100～0.157）毫米×（0.026～0.035）毫米。六钩蚴呈椭圆形，大小为（33～36）微米×（22～26）微米（图305）。

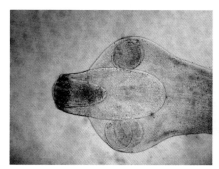

图304　鸭秋鸡单睾绦虫病

鸭秋鸡单睾绦虫的头节形态。（江斌）

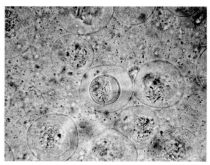

图305　鸭秋鸡单睾绦虫病

鸭秋鸡单睾绦虫的虫卵形态。（江斌）

【典型症状与病变】与鸭冠状双盔绦虫病类似。

【诊断要点】根据鸭秋鸡单睾绦虫的形态及内部结构进行鉴定、确诊。

【防治措施】参考鸭普氏剑带绦虫病的预防措施。

【注意事项】本病与鸭冠状双盔绦虫病的临床症状、病变相似，鉴别诊断需做虫体鉴定。

鸭领襟黏壳绦虫病

鸭领襟黏壳绦虫病是由领襟黏壳绦虫寄生于鸭小肠内引起的一种寄生虫病。本病主要见于鸭。我国的湖南、广东等地有本病报道。

【病原】领襟黏壳绦虫属圆叶目、膜壳科、黏壳属。虫体长度为160毫米。头节上有10个吻钩。吸盘4个呈椭圆形（图306）。生殖孔位于节片一侧的前部1/3处。睾丸3个，排成三角形，其中1个位于孔侧，2个位于反孔侧。雄茎囊外有小棘。卵巢分瓣，位于节片中部。虫卵大小为75微米×40微米，内含六钩蚴，其直径为40～44微米。

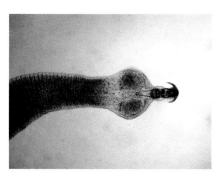

图306　鸭领襟黏壳绦虫病
领襟黏壳绦虫的头节形态。（江斌）

【典型症状与病变】与鸭冠状双盔绦虫病类似。领襟黏壳绦虫主要寄生于小肠，肠黏膜充血，可见寄生的虫体（图307）。

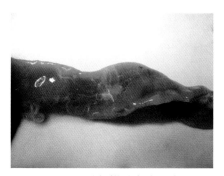

图307　鸭领襟黏壳绦虫病
小肠黏膜充血，可见寄生的虫体附着。（江斌）

【诊断要点】根据领襟黏壳绦虫的形态及内部结构进行鉴定、确诊。

【防治措施】参考鸭普氏剑带绦虫病的预防措施。

【注意事项】本病与鸭冠状双盏绦虫病的临床症状、病变相似，鉴别诊断需做虫体鉴定。

鸭四角赖利绦虫病

鸭四角赖利绦虫病是由四角赖利绦虫寄生于鸭、鸡、鹅等禽类小肠内引起的一种寄生虫病。四角赖利绦虫在我国分布广，几乎所有放养鸭、鸡等禽类均可感染发病，是放养禽类的常见病和多发病，4～9月多发。各年龄段的放养禽类均可感染发病，其中雏禽更易感，成年禽多为带虫者。

【病原】四角赖利绦虫属圆叶目、戴维科、赖利属。虫体呈扁平细带状，白色，长度为10～250毫米。头节呈椭圆形，上有顶突，顶突上有100个小钩，排成1～2列。吸盘4个呈长卵圆形，上有8～12列小钩（图308）。生殖孔开口于同一侧，睾丸18～32个，位于节片中部。卵巢位于节片中部，其下方为卵黄腺。孕节片中有许多虫卵，虫卵直径为25～50微米，内含六钩蚴。

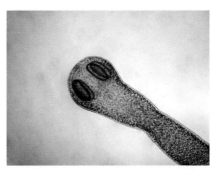

图308　鸭四角赖利绦虫病
鸭四角赖利绦虫的头节形态。（江斌）

【典型症状与病变】本病轻度感染时无明显的临床症状。严重感染时可表现消化不良，食欲不振，腹泻，贫血，消瘦等症状。主要病变是肠肿胀、增粗，剖开可见大量白色面条状虫体阻塞在小肠内。

【诊断要点】根据四角赖利绦虫的头节形态及内部结构进行鉴定、确诊。

【防治措施】改变饲养方式，定期驱虫，及时清除粪便并做无害化处理可有效预防本病。本病的治疗可选用氯硝柳胺（每千克体重200毫克）、硫双二氯酚（每千克体重100～200毫克）、阿苯达唑（每千克体重15～20毫克）、硝硫氰醚（每千克体重20～40毫克）等药物。

鸭鸟蛇线虫病（鸭丝虫病）

鸭鸟蛇线虫病（也称鸭丝虫病）是龙线科、鸟蛇亚科、鸟蛇属的线虫寄生在幼鸭的腭下、后肢等处皮下结缔组织，形成瘤样肿胀为特征的线虫病。

【病原】在我国，危害鸭的鸟蛇属线虫有2种，分别是台湾鸟蛇线虫和四川鸟蛇线虫，台湾鸟蛇线虫分布于我国大陆及台湾，四川鸟蛇线虫分布于四川。

台湾鸟蛇线虫的成虫体细长，角皮具有细横纹，头部钝圆，口小，无角质环（图309）；四川鸟蛇线虫的雌虫虫体乳白色，呈长线状，体表布满细致横纹，体壁软弱易破，头端钝圆，口孔圆形，位于头顶中央。

图309　鸭鸟蛇线虫病

台湾鸟蛇线虫虫体形态。（江斌）

【典型症状】鸟蛇属线虫以雌虫寄生于鸭的皮下结缔组织，形成瘤样肿胀为主要特征。局部寄生性赘瘤，以腭下为最多（图310至图312），其次为两后肢，在眼部、颈部、颊、嗉部、翅基部和泄殖腔周围等处也有发现。

图310　鸭鸟蛇线虫病

患四川鸟蛇线虫病的病鸭群。（李明忠）

图311　鸭鸟蛇线虫病

患四川鸟蛇线虫病的病鸭颌下寄生性赘瘤病灶呈球状。（李明忠）

图312　鸭鸟蛇线虫病

患台湾鸟蛇线虫病的病鸭颌下寄生性赘瘤病灶呈半球状。（江斌）

【诊断要点】根据流行季节和典型症状即可做出确诊。

【防治措施】坚持对病鸭早发现早治疗，既能阻止病程的发展，又能阻止病原的散布，减少对环境的污染。发现本病，早期治疗可取得良好效果。用75%酒精溶液，病灶内注射1～3毫升。2%左旋咪唑，颌下病灶按0.3～0.5毫升剂量病灶内注射，后肢病灶按0.1～0.3毫升剂量病灶内注射。

加强雏鸭的饲养管理，育雏场地必须建立在终年流水不断的清洁溪流上，切断中间宿主——剑水蚤滋生聚集的疫水环境，使雏鸭避免重复感染。

鸭 胃 线 虫 病

鸭胃线虫病是由四棱线虫寄生于鸭的腺胃内引起的一种疾病，鸭吞食含感染性幼虫的中间宿主而感染，对鸭危害较严重。

【病原】四棱线虫，虫体雌雄异型，雌虫呈卵圆形，深咖啡色，长（3.5～4.5）微米×300微米，寄生于前胃腺窝中，雄虫纤细，游离于前胃腔中，平时很难发现。

【典型症状与病变】病鸭表现消瘦、贫血和腹泻。有四棱线虫寄生的腺胃壁出现不均匀的黑色斑点，浆膜面可见虫体寄生部位稍隆起，虫体可从腺窝处被挤出，压破虫体时有血性液体流出（图313至图315）。

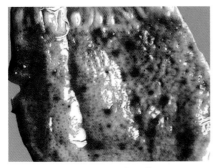

图313　胃线虫病

雌性胃线虫寄生于鸭腺胃腺窝内。（岳华，汤承）

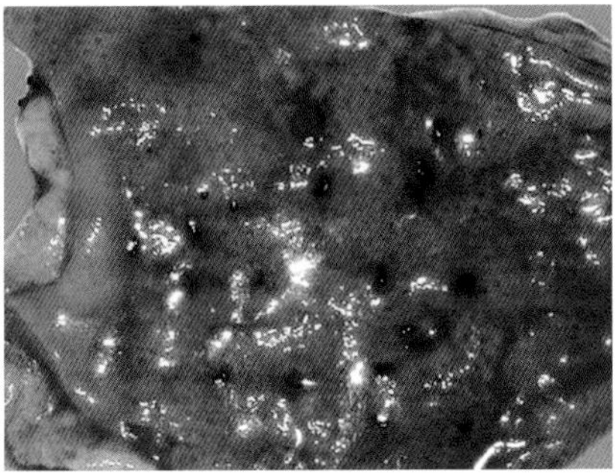

图314　胃线虫病

雌性胃线虫较小，呈深红色。（岳华，汤承）

图315　胃线虫病

胃线虫寄生于腺胃壁，黏膜颜色不均。（岳华，汤承）

【诊断要点】根据病鸭表现消瘦、贫血和腹泻等症状，结合剖检时腺胃黏膜发现线虫体即可确诊。

【防治措施】平时搞好环境卫生，注意粪便的无害化处理。发病后用左咪唑等驱线虫药治疗，可收到良好的效果。

鸭纤形线虫病（鸭毛细线虫病）

鸭纤形线虫病是由鸭纤形线虫寄生于鸭等禽类小肠和盲肠内引起的一种寄生虫病，又称鸭毛细线虫病。传染源与环境污染或鸡、鸭、鹅混养有关。

【病原】鸭纤形线虫属毛首目、毛细科、纤形属。虫体细长，分前后两部分（图316）。雄虫长12.7～16.1毫米，宽度为0.04～0.06毫米，交合刺坚实，呈三棱形，长1.45～1.86毫米，近端不宽，远端变扁，尖端部呈长圆锥形，交合刺鞘上有极小的小棘。交合伞发达，尾部分为2瓣，无侧翼。雌虫长16.4～24.8毫米，宽0.06～0.08毫米，阴门孔呈横缝状，阴门无唇状凸起。肛门位于虫体末端（图317至图320）。虫卵的外周呈波浪状，卵塞大而凸出，大小为（50～65）微米×（27～32）微米（图321）。

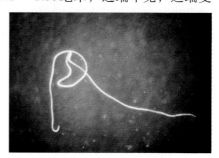

图316 鸭纤形线虫病

体视显微镜下，鸭纤形线虫虫体形态。（江斌）

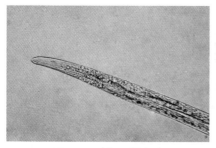

图317 鸭纤形线虫病

鸭纤形线虫的头部形态。（江斌）

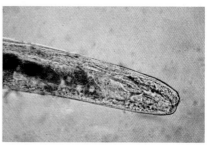

图318 鸭纤形线虫病

鸭纤形线虫雌虫的尾部形态。（江斌）

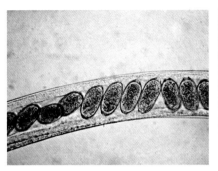

图319　鸭纤形线虫病

鸭纤形线虫雌虫腹中的虫卵形态。(江斌)

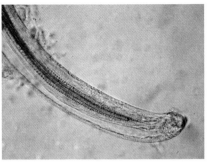

图320　鸭纤形线虫病

鸭纤形线虫雄虫的尾部形态。(江斌)

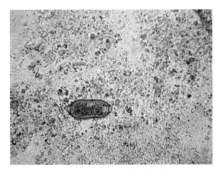

图321　鸭纤形线虫病

鸭纤形线虫的虫卵形态。(江斌)

　　【典型症状与病变】本病轻度感染时，一般无明显的临床症状。严重感染时，病鸭出现拉稀等症状。剖检见小肠和盲肠膨胀、增粗，剖开呈卡他性肠炎。

　　【诊断要点】确诊需依靠对虫体的形态、内部结构进行鉴定。

　　【防治措施】禁止鸡、鸭等禽类混养、保持禽舍清洁卫生、及时清除粪便、定期驱虫和做好生物安全措施，对本病有良好的预防作用。

　　本病的治疗可选用阿苯哒唑、左旋咪唑、甲苯咪唑等驱虫药进行驱虫处理。

鸭棘头虫病

　　鸭棘头虫病是由多形科和细颈科棘头虫寄生于鸭小肠内引起的

疾病。大量感染，并且饲养条件差时，可引起死亡，幼鸭死亡率高于成鸭。

【病原】大多形棘头虫虫体呈橘红色，纺锤形，前端大，后端狭细；小多形棘头虫虫体较小，呈橘红色，纺锤形，大多形棘头虫与小多形棘头虫均寄生于小肠前段；鸭细颈棘头虫虫体白色，呈纺锤形，前部有小刺，多寄生于小肠中段。

【典型症状与病变】鸭棘头虫病的临床症状不易观察，特别大群饲养时观察困难。成年鸭的症状不明显，而幼年鸭，尤其感染严重者，主要表现瘦弱和大量死亡。剖检见肠道浆膜肉芽组织增生的小结节，大量橘红色虫体固着于肠壁上（图322）。

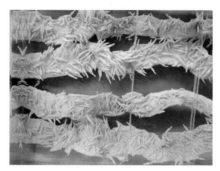

图322　鸭棘头虫病
寄生于肠道的棘头虫。（杨光友）

【诊断要点】粪便检查，发现特殊形状的虫卵或解剖病死鸭，在小肠中发现大量虫体即可确诊。

【防治措施】国产硝硫氯醚，按每千克体重100～250毫克一次投服，是治疗本病的首选药。

成年鸭为带虫传播者，幼鸭和成年鸭应分群放牧或饲养。在成年鸭放牧过的水田、塘内，最好不要放牧幼鸭。坚持对成年鸭和幼鸭进行预防性驱虫。加强鸭粪管理，防止病原扩散。

鸭 球 虫 病

鸭球虫病是由鸭球虫寄生于肠道中引起的一类原虫病。鸭的几种球虫病只感染鸭，对鸡、鹅等禽类不感染。不同日龄鸭对鸭球虫的易感性有所不同，其中泰泽属球虫多见于小鸭，危害性较大；温扬属球虫对小鸭和中大鸭都有致病性；鸳鸯等孢球虫对小鸭易感性强；而鸭艾美耳球虫多见于中大鸭。以往文献报道只有泰泽属和温扬属球虫对鸭有致病性，随着饲养环境的改变和恶化，鸭鸳鸯等孢球虫和鸭艾美耳球虫对鸭也有一定的致病性。本病在潮湿多雨的夏季最为严重，而在温暖潮湿的育雏室内，任何季节都可发病。鸭舍潮湿、饲养密度过大、维生素缺乏等是本病的诱因。

【病原】鸭球虫为复顶亚门、孢子虫纲、真球目、艾美耳科中的泰泽属、温扬属、等孢属以及艾美耳属中的10多种虫种，常见的有毁灭泰泽球虫、菲莱氏温扬球虫、裴氏温扬球虫、鸳鸯等孢球虫、巴氏艾美耳球虫等。

毁灭泰泽球虫：卵囊呈卵圆形，囊壁光滑，淡蓝色，卵壳厚度0.7微米。无卵膜孔。大小为（9.2～13.2）微米×（7.2～9.9）微米，卵囊形状指数为1.2。卵囊内无极粒，有2个大的卵囊残体。不形成孢子囊，8个子孢子游离于卵囊中，子孢子呈香蕉状，一端宽钝，另一端较尖，平均大小为7.28微米×2.73微米（图323和图324）。

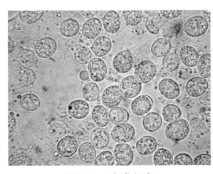

图323 鸭球虫病
毁灭泰泽球虫的卵囊形态。（江斌）

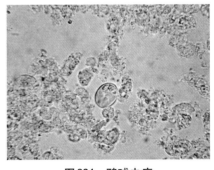

图324 鸭球虫病
毁灭泰泽球虫的孢子化卵囊形态。（江斌）

菲莱温扬球虫：卵囊呈卵圆形，淡蓝绿色，大小为（13.3～22）微米×（10～12）微米，卵囊形状指数为1.5，囊壁有3层，外层薄而透明，中层黄褐色，内层浅蓝色。有卵膜孔，平均宽度为2.8微米。卵囊内有1～3个极粒，内含4个瓜子状的孢子囊，平均大小为7.2微米×4.78微米。窄端有1个斯氏体，无卵囊残体，每个孢子囊内又含有4个子孢子，同时有1个孢子囊残体（图325和图326）。

图325　鸭球虫病

菲莱温扬球虫的虫卵形态。（江斌）

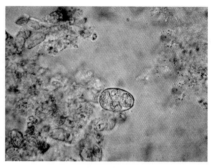

图326　鸭球虫病

菲莱温扬球虫的孢子化卵囊形态。（江斌）

鸳鸯等孢球虫：卵囊呈球形或亚球形，两层壁，厚度为1微米，淡褐色，壁光滑，无卵膜孔（图327）。大小为（10.4～12.8）微米×（9.6～11.6）微米，平均为10.8微米×11.9微米，形状指数为1.07，有1个大极粒，无孢子囊残体。成熟的卵囊内含2个孢子囊，孢子囊呈仙桃形，有明显的斯氏体和孢子囊残体。每个孢子囊内含有4个子孢子（图328）。

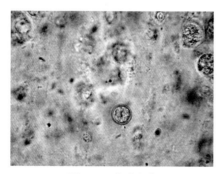

图327　鸭球虫病

鸳鸯等孢球虫的虫卵形态。（江斌）

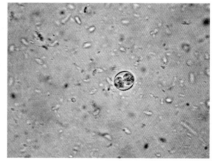

图328　鸭球虫病

鸳鸯等孢球虫的孢子化卵囊形态。（江斌）

巴氏艾美耳球虫：卵囊呈球形或卵圆形，壳有两层，厚度为1微米，黄绿色，壁光滑，无卵膜孔。大小为（17.6～20.9）微米×

（14.5～17.1）微米，平均为19.8微米×16.6微米，形状指数为1.2，卵囊内有1个较大的极粒，无孢子囊残体。成熟的卵囊内含4个孢子囊，孢子囊呈长椭圆形，大小为10.5微米×7.8微米，有斯氏体和孢子囊残体。每个孢子囊内含有2个子孢子（图329和图330）。

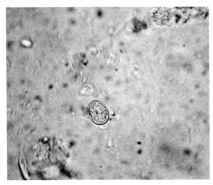

图329　鸭球虫病

巴氏艾美耳球虫的虫卵形态。（江斌）

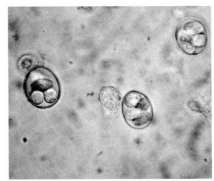

图330　鸭球虫病

巴氏艾美耳球虫的孢子化卵囊形态。（江斌）

　　鸭球虫的生活史包括孢子生殖（体外阶段）、裂殖生殖（在鸭小肠内）和配子生殖（也在鸭小肠内）三个阶段。在裂殖生殖阶段，可产生许多裂殖体和Ⅰ期、Ⅱ期、Ⅲ期裂殖子（图331至图334）。

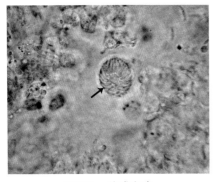

图331　鸭球虫病

鸭球虫裂殖体形态。（江斌）

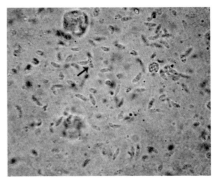

图332　鸭球虫病

鸭球虫裂殖子形态（Ⅰ期）。（江斌）

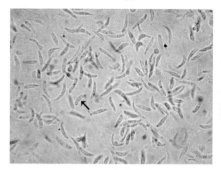

图333　鸭球虫病

鸭球虫裂殖子形态（Ⅱ期）。（江斌）

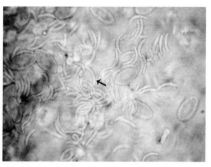

图334　鸭球虫病

鸭球虫裂殖子形态（Ⅲ期）。（江斌）

【典型症状与病变】急性型球虫病可见贫血，下痢，排出橘红色、咖啡色或血性粪便（图335至图337），迅速死亡。慢性型仅见食欲减少，消瘦，贫血，偶见下痢，最后衰竭死亡。特征性剖检变化为：肠道膨大、增粗，充满血性内容物或鲜血，肠黏膜弥漫性出血，多见于盲肠，严重时整个肠道内均充满血性凝栓（图338至图342）。

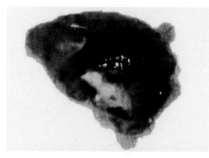

图335　鸭球虫病

病鸭排泻的褐色或血性粪便。（岳华，汤承）

图336　鸭球虫病

病鸭排泄的血性粪便。（江斌）

图337　鸭球虫病

血性粪便黏附于肛周羽毛。（江斌）

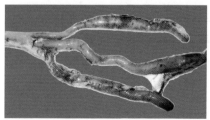

图338　鸭球虫病

盲肠膨胀。（岳华，汤承）

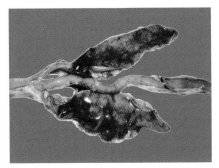

图339　鸭球虫病

盲肠内充满血性内容物。（岳华，汤承）

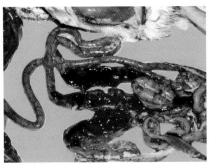

图340　鸭球虫病

肠管内充满大量血凝块。（岳华，汤承）

图341　鸭球虫病

小肠肿胀、充血、发红。（江斌）

图342　鸭球虫病

小肠黏膜肿胀、充血、出血。（江斌）

【诊断要点】根据病鸭排血性粪便，剖检时肠道的特征性病变可做出初步诊断，结合显微镜下发现大量虫体即可确诊。

【防治措施】切断球虫的体外生活链，如保持圈舍通风、干燥和适当的饲养密度，及时清除粪便，定期消毒等，可有效防止本病发生。在球虫高发年龄段，使用敏感抗球虫药物，是本病的重要预防手段。

发病鸭群可使用地克朱利、莫能菌素、磺胺等抗原虫药物进行治疗，急性发病鸭群若同时使用维生素K制止出血，可迅速控制死亡。

【诊疗注意事项】因球虫易产生耐药性，用药物防治时，应选择敏感药物，并注意交替用药；严格掌握用药剂量，防止球虫药中毒。

鸭隐孢子虫病

　　鸭隐孢子虫病是由贝氏隐孢子虫寄生于鸭等禽类的呼吸道、法氏囊、泄殖腔内引起的一种原虫病。本病可发生于哺乳动物、禽类、鱼类、爬行类等多种动物以及人类，是一种分布广泛的人兽共患病。在禽类，鸡、鸭、鹅、火鸡、鹌鹑、珍珠鸡、鹧鸪、孔雀等均可感染发病。主要感染源是粪便污染的食物和饮水，感染途径为消化道和呼吸道。目前我国多数省份均有本病的发生，据报道北京鸭的感染率可达29%～64%。

　　【病原】贝氏隐孢子虫属孢子虫纲、真球虫目、隐孢子虫科、隐孢子虫属。卵囊大小为（5.2～6.6）微米×（4.6～5.6）微米，形状指数为1.24，卵囊壁光滑，无色，厚度0.5微米。无卵囊孔、极粒及孢子囊（图343）。孢子化卵囊内含有4个裸露的香蕉状子孢子和1个颗粒状的卵囊残体。

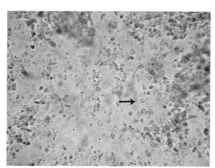

图343　鸭隐孢子虫病

法氏囊涂片中的隐孢子虫形态（↑）。（江斌）

　　【典型症状与病变】少数急性病例表现呼吸困难、咳嗽、打喷嚏、减料、体重减轻，严重时可导致死亡。剖检见泄殖腔、法氏囊及呼吸道黏膜上皮水肿，气囊壁增厚、浑浊呈云雾状外观，双侧眶下窦内含有黄色液体。鸭贝氏隐孢子虫感染以呼吸道和法氏囊上皮细胞增生、炎性细胞浸润为特征，引起细胞增生性气管炎、支气管肺炎和法氏囊炎。

【诊断要点】由于本病多为隐性感染，无明显病症，生前不易确诊。病鸭死后，可刮取鸭的法氏囊、泄殖腔或呼吸道黏膜做成涂片，用姬姆萨染色后镜检可见虫体胞浆呈蓝色，内含数个致密的红色颗粒。

【防治措施】目前只能从加强环境卫生和提高禽类免疫力方面防控本病，尚无切实有效的治疗药物。

鸭四毛滴虫病

鸭四毛滴虫病是由鸭四毛滴虫寄生在鸭肠道后部引起的一种寄生虫病。鸭四毛滴虫只感染鸭子，发病的程度与鸭饲养环境密切相关。

【病原】鸭四毛滴虫属原生动物门、肉足鞭毛亚门、动物鞭毛虫纲、毛滴虫目、毛滴虫科、四毛滴虫属。虫体宽，大小为（13～27）微米×（8～18）微米，有4根前鞭毛和1根后鞭毛，波动膜覆盖虫体大部分，肋和轴杆各1个。在高倍显微镜下，可见许多梭形虫体在游动（图344）。

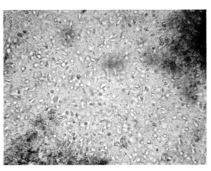

图344　鸭四毛滴虫病

显微镜下，鸭四毛滴虫的形态。（江斌）

【典型症状与病变】病鸭临床上主要表现为腹泻症状。剖检见盲肠和直肠肿胀、膨大（图345），剖开盲肠可见黏膜充血、出血，肠腔见有巧克力样糊状内容物。

【诊断要点】根据鸭四毛滴虫的形态及结构进行鉴定、确诊。

【防治措施】一方面要做好鸭舍的环境卫生，保持地面干燥；另一方面可使用甲硝唑、痢菌净等药物进行防治。

图345　鸭四毛滴虫病

盲肠肿胀、增粗、呈暗红色。（江斌）

鸭皮刺螨病

鸭皮刺螨病是由鸡皮刺螨寄生于鸭皮肤、羽毛引起的一种寄生虫病。鸡皮刺螨多见于种鸭场或舍饲为主的鸭场，特别是简陋的鸭场或陈旧的鸭场有可能感染本病。一年四季中以冬季多见。

【病原】鸡皮刺螨属节肢动物门、蛛形纲、蜱螨亚纲、寄形目、皮刺螨科、皮刺螨属。虫体呈长椭圆形，有4对脚，肢体末端均有吸盘，体色黑色或棕灰色（依吸血程度不同而异）（图346）。雄虫大小为0.6毫米×0.32毫米，胸板与生殖板愈合为胸殖板，腹板与肛门愈合为腹肛板，两板相接。雌虫大小为（0.723～0.824）毫米×（0.4～0.553）毫米，吸饱血后虫体长度可达1.5毫米，肢纤细，背面有盾板1块，后部较窄，不完全覆盖背部，腹面胸板宽大于长，前缘突出，后缘内凹，有2对刚毛，生殖板呈舌状、有1对刚毛，肛板呈倒圆三角形，有3对刚毛。虫卵为卵圆形，有些虫卵内有幼虫发育。

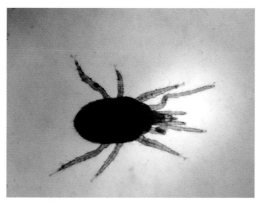

图346 鸭皮刺螨病
鸭皮刺螨虫体形态。（江斌）

【典型症状】病鸭表现为躁动不安，消瘦，贫血、啄羽等症状。仔细观察在羽毛及皮肤上见有许多黑色或白色的小虫（鸡皮刺螨）在爬动。

【诊断要点】根据流行病学、典型症状可做出初步诊断。确诊需将虫体经90%酒精处理后置于放大镜或低倍显微镜下做形态结构观察与鉴定。

【**防治措施**】可用0.01%～0.02%溴氰菊酯或氰戊菊酯溶液喷洒鸭体、鸭舍，每周1～2次。此外，病情严重的鸭群可配合伊维菌素预混剂进行拌料治疗。

鸭 羽 虱 病

鸭羽虱病是由鸡羽虱寄生于鸭体表和羽毛引起的一种寄生虫病。发病情况与鸭皮刺螨病相似。

【**病原**】鸡羽虱属昆虫纲、食毛目、短角羽虱科、鸡羽虱属。虫体体型较小、体色淡黄色，头部后颊向两侧突出，有数根粗长毛，咀嚼式口器，头部侧面的触角不明显。前胸后缘呈圆形突出，后胸部与腹部联合一块，呈长椭圆形，有3对足，爪不甚发达。腹部由11节组成，每节交界处都有刚毛。雄虫体长1.7毫米，尾部较突出（图347）；雌虫体长2.0毫米，尾部较平（图348）。

图347　鸭羽虱病

鸭羽虱雄虫虫体形态（♂）。（江斌）

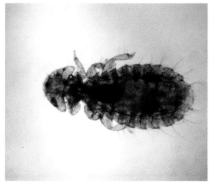

图348　鸭羽虱病

鸭羽虱雌虫虫体形态（♀）。（江斌）

【**典型症状**】病鸭主要表现为脱毛、瘙痒、渐进性消瘦等症状，种鸭和蛋鸭产蛋量减少。在冬、春季节，圈养的鸭子发病率高，放牧的鸭子较少发病。鸭羽毛上可见爬动的鸡羽虱（图349）。

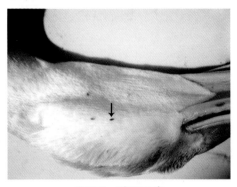

图349　鸭羽虱病

鸭羽毛上的鸭羽虱。（江斌）

【诊断要点】根据流行病学、典型症状可做出初步诊断，确诊需做虫体鉴定。

【防治措施】加强饲养管理，定期对鸭舍进行消毒和灭虫处理。

有齿鹅鸭羽虱病

　　有齿鹅鸭羽虱病是由有齿鹅鸭羽虱寄生于鸭、鹅体表和羽毛引起的一种寄生虫病。冬、春季节多发，多与鸭舍卫生条件差、设备陈旧有关。

　　【病原】有齿鹅鸭羽虱属昆虫纲、食毛目、长角羽虱科、鹅鸭羽虱属。雄虫长1.35～1.50毫米，雌虫长1.50～1.75毫米，唇基部膨大，内有1个铆钉状白色斑，头部两侧有指状突起。腹面的两侧有钉状刺。触角短，呈丝状。两颊缘较圆，有狭缘毛和刺。头后缘平直。前胸较短，后侧缘稍圆，后侧角有长毛1根，刺毛1根。中胸和后胸愈合呈六角形或梯形，后缘毛有10～12根。雄性生殖器的基板长大于宽，其V形结构较长，在内板透明域内10个齿形成支持刷，有1个几丁质化的无柄刀状结构。腹部呈长卵圆形，后部各节的后角均有2～3根长毛（图350）。

图350　有齿鹅鸭羽虱病

有齿鹅鸭羽虱虫体形态。（江斌）

【典型症状】患鸭主要表现为脱毛、瘙痒、渐进性消瘦、减蛋等症状。病鸭的皮肤和羽毛上可见爬动的有齿鹅鸭羽虱（图351）。

图351　有齿鹅鸭羽虱病

鸭羽毛上的有齿鹅鸭羽虱。（江斌）

【诊断要点】根据有齿鹅鸭羽虱的形态及结构进行鉴定、确诊。

【防治措施】参考鸭鸡羽虱病的防治措施。

鸭黄色柱虱病

　　鸭黄色柱虱病是由黄色柱虱寄生于鸭、鹅体表和羽毛引起的一种寄生虫病，又称家鸭羽虱病。发病情况与有齿鹅鸭羽虱病相似。

【病原】黄色柱虱属昆虫纲、食毛目、长角羽虱科、柱虱属。虫体体长1.6毫米，体侧缘呈黑色，腹部两侧各节均有斑块。头部前额突出为圆形，后部也呈圆形，左右侧各有1根长刚毛。前后胸较宽，后胸后缘有长缘毛。腹部呈卵圆形，各腹节的背面均有1对长刚毛，后部各节的后角均有2～3根长毛（图352和图353）。

图352　鸭黄色柱虱病

黄色柱虱雌虫虫体形态（♀）。（江斌）

图353　鸭黄色柱虱病

黄色柱虱雄虫虫体形态（♂）。（江斌）

【典型症状】病鸭主要表现为脱毛、瘙痒、消瘦、贫血、减蛋等症状，皮肤和羽毛上可见爬动的黄色柱虱。

【诊断要点】根据黄色柱虱的形态及结构进行鉴定、确诊。

【防治措施】参考鸡羽虱病的防治措施。

鸭维生素A缺乏症

鸭维生素A缺乏症是由维生素A缺乏引起的一种营养代谢性疾病，常以生长发育不良、视觉障碍以及器官黏膜的损伤为特征。

【病因】发生原因主要是饲料中维生素A或胡萝卜素不足或缺乏，也可因饲料中维生素A受到破坏、转化障碍，或鸭不能吸收维生素A等因素而引起。

【典型症状与病变】病鸭表现为两脚无力或瘫痪，共济失调。皮肤干燥，喙、脚蹼等皮肤的黄色素变淡或消失（图354），鼻液黏稠，呼吸困难，眼结膜潮红，流泪，眼睑下和眶下窦积有多量干酪样物质，挤压可流出一种牛乳状的渗出物（图355）。剖检见鼻窦、口腔、咽、食管等部位黏膜表面形成点状小脓疱（图356），继而形成假膜，溃疡；眼结膜炎，角膜浑浊，溃疡（图357），干酪化或穿孔。有的病例还可出现尿酸盐沉积。

图354　鸭维生素A缺乏症

上喙角质层粗糙，部分脱落。（张济培）

图355　鸭维生素A缺乏症

上下眼睑粘连，挤压眶下窦见干酪样渗出物流出。（张济培）

图356　鸭维生素A缺乏症
食道黏膜的灰白色小脓疱样病变。（张济培）

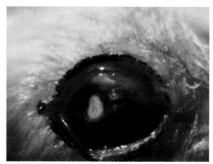

图357　鸭维生素A缺乏症
眼角膜的灰白色病灶。（张济培）

【诊断要点】根据眼炎、干酪样渗出物及黏膜表面形成点状小脓疱可以做出初步诊断。检测血液和肝脏中的维生素A水平有助于确诊（雏鸭肝组织含维生素A在7国际单位/克以下，可以确认为维生素A缺乏）。

【防治措施】根据鸭的品种、日龄、生产状况供给充足的维生素A；注意饲料的贮存保管，避免发酵酸败、发热、氧化，防止胡萝卜素和维生素A被破坏；注意消除影响家禽对维生素A吸收和转化的因素。

发病后应在早期及时治疗，日粮中添加充足的维生素A（每千克饲料2 000～20 000国际单位）或用鱼肝油拌料（0.2%），连用10～15天。个别较重病禽，可滴服浓缩鱼肝油2～3滴/只，每天1～2次，连用5～7天。

【诊疗注意事项】对发病鸭只在早期进行治疗，几天后即可收到明显的效果，但对于眼球严重损害和明显运动失调的重病例治疗效果不明显。

鸭维生素B₁缺乏症

鸭维生素B₁是由维生素B₁缺乏引起的以多发性神经炎为主要特征的营养代谢性疾病。

【病因】原发性原因主要见于鸭群长期饲喂缺乏维生素B₁的日粮；

饲料贮存时间过长，维生素B_1遭到破坏；常采食大量的鱼、虾等含硫胺素酶的软体动物而破坏体内维生素B_1，或某些消化道疾病影响维生素B_1吸收而引起发病。

【典型症状】雏鸭较成年鸭易发病，患鸭表现两脚发软（图358）、无力，步态不稳，共济失调，扭头、转圈或无目的地奔跑，阵发性抽搐、痉挛或呈观星姿势（图359）。成年患鸭无明显症状，表现种蛋孵化率下降，所孵出雏鸭易发生本病。

图358　鸭维生素B_1缺乏症
病鸭头颈侧向一边，软脚无力。（张济培）

图359　鸭维生素B_1缺乏症
病鸭阵发性抽搐与转圈。（张济培）

【诊断要点】根据临床症状，结合饲料分析可做出诊断。也可用维生素B_1治疗典型病鸭，如果治愈可以确诊。

【防治措施】保证饲料中维生素B_1的含量，供给鸭群新鲜的全价饲料，或饲料中添加复合维生素B；避免饲喂未经煮熟的鲜活水产品；当鸭群出现消化道疾病时，及时排除病因，并添加B族维生素。

发病鸭群，饲料中添加硫胺素或复合维生素B10～20毫克/千克，连用1～2周。对严重病例，可使用维生素B_1注射液经肌内注射给药，3～5毫克/只，每天1次，连用3～5天。

【诊疗注意事项】雏鸭发生维生素B_1缺乏症时，应与同样以神经症状为特征的鸭病毒性肝炎相鉴别，病毒性肝炎多以突然暴发，死亡快，肝脏有明显的出血斑点。

鸭维生素B₂缺乏症

鸭维生素B₂缺乏症是由维生素B₂缺乏引起的一种营养代谢性疾病。

【病因】雏鸭几乎不能合成维生素B₂，当饲料中维生素B₂供给不足或缺乏，易发生维生素B₂缺乏症。

【典型症状】病鸭生长缓慢，不愿走动，消瘦，瘫痪，脚蹼向内弯曲，以飞节着地（图360和图361）。

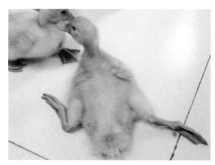 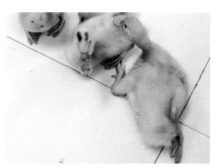

图360　鸭维生素B₂缺乏症	图361　鸭维生素B₂缺乏症
病鸭瘫痪。（胡薛英）	病鸭脚蹼内弯。（胡薛英）

【诊断要点】根据典型的临床症状并结合发病原因分析，可做出初步诊断。确诊需进行饲料维生素B₂的含量检测。

【防治措施】饲喂全价日粮。在发病初期，补充适量的维生素B₂，有一定的治疗作用，但对屈趾病变已久的不可逆损伤，则难以治愈。

鸭维生素E-硒缺乏症

维生素E-硒缺乏症是由维生素E-硒缺乏而引起的以肌营养不良为特征的营养代谢性疾病。

【病因】发生原因主要是日粮维生素E和硒不足或缺乏。

【典型症状与病变】本病多发生于2～3周龄雏鸭，主要表现为肌营养不良症。病鸭衰弱，腿软无力。剖检见横纹肌纤维变性、坏死，出现与肌纤维束走向相同的白色或灰白色条纹（图362）。

图362　鸭维生素E-硒缺乏症

腿肌色淡，出现灰白色条纹状变性和坏死。（张济培）

【诊断要点】根据肌营养不良的病变特点，结合日粮维生素E、硒含量分析可做出诊断。

【防治措施】保证饲料中添加足够的维生素E、硒和含硫氨基酸，避免饲料贮存时间过长。发生本病时，使用维生素E、硒制剂拌料喂饲病鸭群，连用5～7天，同时在饲料中增加适量的含硫氨基酸。对重病例可用0.1%亚硒钠注射液经肌内注射，0.1毫升/只，连用2～3天，同时饲喂维生素E、硒制剂。

鸭钙磷缺乏症

鸭钙磷缺乏症是由日粮钙磷缺乏所引起的以骨组织受损为特征的代谢障碍性疾病。鸭钙磷缺乏症主要发生于2～4周龄，且缺磷雏鸭发病早，病程短，症状严重，死亡率高。

【病因】日粮钙磷缺乏是主要原因，此外，日粮中含有的如草酸等阻碍钙磷溶解的物质会降低钙磷的吸收，钙磷比例失调，日粮中缺乏维生素D也与本病的发生有关。

【典型症状与病变】病鸭两腿变软，向外弯曲呈O形，跛行，严重者站立困难或卧地不起（图363）；上下颌骨质地柔软似橡皮，对折不断（图364）。剖检见肋骨表面出现佝偻串珠（图365）或肋骨弯曲

（图366）；脊柱弯曲呈S状（图367）；胫骨质地变软弯曲为弓形或半圆形（图368）。

图363　鸭钙磷缺乏症

病鸭双腿变软，卧地不起。（崔恒敏）

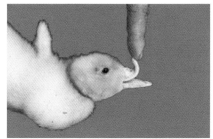

图364　鸭钙磷缺乏症

上颌骨质地柔软，对折不断。（崔恒敏）

图365　鸭钙磷缺乏症

肋骨内表面佝偻病串珠。（崔恒敏）

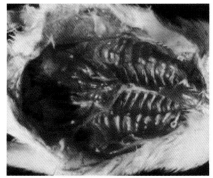

图366　鸭钙磷缺乏症

病鸭肋骨变软、弯曲。（崔恒敏）

图367　鸭钙磷缺乏症

脊柱骨质变软、弯曲。（崔恒敏）

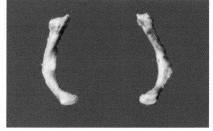

图368　鸭钙磷缺乏症

胫骨骨质变软、弯曲。（崔恒敏）

【诊断要点】

1. 两腿变软，跛行。

2. 剖检特征性变化只见于骨组织。

3. 其他器官、组织未见异常。

【防治措施】针对病因，饲养管理中给以全价配合日粮。钙含量应为0.6%～0.8%，有效磷应为0.30%～0.35%，钙磷比例为2∶1，并补充维生素D和青饲料。在良好的饲养条件下，不仅能满足鸭的生长发育，而且能有效地预防因钙磷缺乏或比例失调引起的缺乏症。

鸭发生钙磷缺乏症后，首先明确发生原因，是钙缺乏、磷缺乏，还是钙磷比例失调，及时更换日粮或补充钙磷和调整钙磷比例。治疗时可用鱼肝油口服或拌料。

【诊疗注意事项】鸭钙磷缺乏症临床上出现跛行、站立困难，诊疗时注意与锰缺乏症、硒缺乏症和鸭关节炎等疾病相区别。

鸭锌缺乏症

鸭锌缺乏症是由日粮锌缺乏所引起的以羽毛发育不良和骨短粗为特征的代谢性疾病。

【病因】发生原因主要见于日粮锌不足或缺乏。日粮钙含量过高可降低锌的生物利用率，加重锌缺乏症的征候群或诱发锌缺乏症。

【典型症状】病鸭羽毛发育不良，粗乱稀疏，并伴有不同程度的脱羽（图369）；腿短粗，关节肿大，站立不稳，跛行；足垫增厚、龟裂和结痂（图370）。

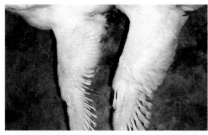

图369 鸭锌缺乏症

缺锌雏鸭翅部羽毛发育不良。右为正常对照。（崔恒敏）

图370 鸭锌缺乏症

缺锌雏鸭蹼部皮肤破溃。左为正常对照。（崔恒敏）

【诊断要点】根据典型的临床症状，一般可做出诊断。

【防治措施】针对发生原因，在鸭不同生长时期给以全价配合日粮，每千克日粮含锌60～100毫克即可满足鸭生长发育和预防锌缺乏症。

鸭发生锌缺乏症后，在观察和诊断的基础上立即更换日粮或在日粮中补添锌（氧化锌、硫酸锌、碳酸锌均是锌的有效来源），加强饲养管理，可达到治疗目的。

【诊疗注意事项】诊断时注意与钙磷缺乏症、锰缺乏症和鸭关节炎等疾病相区别。另外，日粮钙磷和微量元素按需要量添加，防止过量添加影响锌的生物利用率而诱发锌缺乏症。

鸭锰缺乏症

鸭锰缺乏症是由日粮锰缺乏所引起的以滑腱症为特征的营养代谢性疾病。

【原因】日粮锰不足或缺乏是其主要原因，日粮钙磷含量过高也可影响锰的吸收和利用。

【典型症状与病变】滑腱症，即胫跗关节肿大，胫骨远端和跗骨近端向外弯转，最后腓肠肌腱滑脱（图371），因而病鸭腿弯曲或扭曲，蹲卧于跗关节或站立困难（图372），终因无法采食、饮水而死亡。

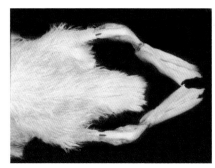

图371　鸭锰缺乏症

滑腱症。（崔恒敏）

图372　鸭锰缺乏症

病鸭腿弯曲，站立行走困难。（岳华，汤承）

【诊断要点】根据滑腱症即可做出诊断。

【防治措施】鸭发生锰缺乏症后一旦出现滑腱症，病鸭残废，治疗毫无意义。因此，做好预防工作是防治本病的关键。每千克日粮锰含量100～160毫克，可有效预防锰缺乏症。此外，加强饲养管理，日粮中各种营养物质满足且比例平衡，对预防锰缺乏症的发生也有重要意义。

【诊疗注意事项】鸭滑腱症除锰缺乏引起外，高蛋白日粮、早期相对增重率过快、环境相对湿度过高等因素也可引起，诊疗时注意病因分析。

鸭 痛 风

痛风是肾功能紊乱造成的高尿酸血症的一种临床症状，在关节、内脏和皮下结缔组织有尿酸盐沉积，临床上以行动迟缓、关节肿大、跛行、厌食、腹泻为特征。

【病因】引起痛风的原因较为复杂，常见的致病因素有饮水不足等造成脱水，某些药物使用过量、中毒等引起肾脏损害，饲料中的蛋白质（特别是核蛋白）含量过高，维生素A和维生素D缺乏等，均可诱发本病。

【典型症状与病变】鸭痛风可分为内脏型痛风和关节型痛风。内脏型痛风的特征是肾脏、心脏、肝脏、气囊、肠系膜等器官组织表面可见白色的石灰粉样尿酸盐沉积（图373至图377），肾脏肿大，输尿管扩张，管腔内充满石灰样的尿酸盐。

关节型痛风临床表现为跛行，关节肿大，变形，剖检可见关节腔及周围组织中有白色粉状尿酸盐沉积。

图 373 鸭痛风

心包、肝脏及气囊白色尿酸盐沉积。（胡薛英）

图374　鸭痛风

心包、肝脏白色尿酸盐沉积。(谷长勤)

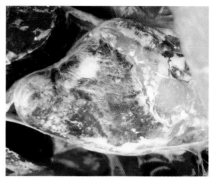

图375　鸭痛风

心包、心肌白色尿酸盐沉积。(谷长勤)

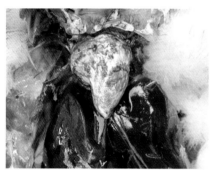

图376　鸭痛风

心包膜白色尿酸盐沉积。(江斌)

图377　鸭痛风

肾脏因尿酸盐沉积肿大、色淡呈斑驳状。

(江斌)

　　【诊断要点】根据典型的剖检病变并结合发病原因调查，较易做出诊断。

　　【防治措施】本病的预防措施有保证饲料的质量，合理搭配各种营养成分。加强饲养管理，保证充足的饮水，正确使用各种药物，不要长期或过量使用对肾脏有损害的药物，如磺胺类药物、乙二醇等。防止饲料霉变，避免霉菌毒素的中毒，如赭曲霉素、卵孢霉素、黄曲霉毒素等。本病没有特效的治疗措施，应尽快找到发病原因，及时消除病因。

　　【诊疗注意事项】由于鸭痛风的原因较复杂，在诊断和治疗中，首先应找到发病原因，根据发病原因采取相应的治疗措施。

肉鸭腹水症

　　肉鸭腹水症是由多种因素引起的一种综合征，肉鸭、种鸭均有发生，其特征是腹部膨大和腹腔积液。

　　【病因】多种因素引起，可能与谷物发霉、肉骨粉或鱼粉霉败，产生大量霉菌毒素或细菌毒素有关。

　　【典型症状与病变】病鸭腹部膨大，触之松软有波动感，腹部皮肤变薄、发亮（图378和图379），羽毛脱落。剖检见腹腔积有大量清亮、茶色或啤酒样液体，积液中混有纤维素絮状凝块（图380）；心脏体积增大，心包积液；肝脏质硬，被膜可见纤维素附着。

图378　肉鸭腹水症

病鸭腹部膨大，腹壁变薄，腹腔积有大量液体。（郭玉璞）

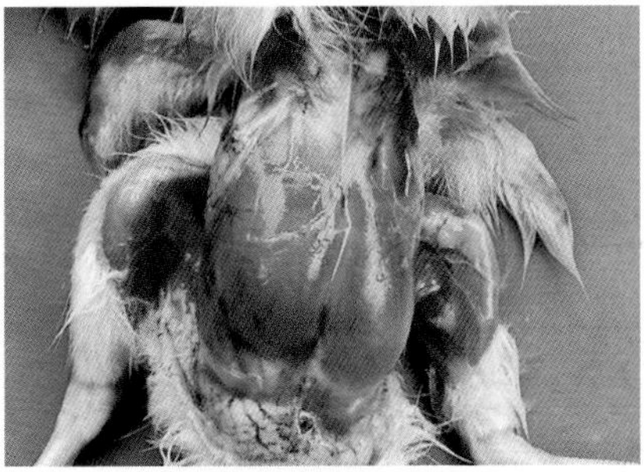

图379　肉鸭腹水症

病鸭腹部膨大，腹壁变薄，腹腔积有大量液体。（江斌）

图380　肉鸭腹水症

剖开腹壁，腹腔积有大量茶色液体，混有纤维素凝块。（郭玉璞）

【诊断要点】根据腹腔积液即可做出诊断。

【防治措施】首先分析、明确发生原因，更换日粮，加强饲养管理，改善饲养条件，通风换气或降低饲养密度等。肉鸭发生腹水症后，目前尚无有效的治疗方法。

鸭 铜 中 毒 症

鸭铜中毒症是因一次性或短时间误食大剂量铜化合物或高铜日粮，或由于长期食入铜过量日粮而引起，分急性中毒和慢性中毒。

【病因】日粮铜含量过高，一是人为盲目添加或误添铜添加剂，二是大型铜矿附近"三废"污染土壤、饮水，或高铜土壤生长的植物铜含量过高。

【典型症状与病变】病鸭生长发育不良，排泄蓝绿色或铜绿色粪便。剖检见肌胃角质层增厚、龟裂，呈铜绿色（图381）；肠道充有蓝绿色或深蓝绿色内容物（图382），肠黏膜潮红、肿胀，其上附有深蓝绿色或铜褐色内容物（图383）。镜下，可见肝脏呈颗粒变性、空泡变性或/和脂肪变性（图384和图385）；肌胃角质层显著增厚，呈均匀红染的团块状或条索状，其下的黏膜上皮变性、坏死（图386）；小肠和盲肠肠黏膜上皮变性、坏死、脱落，肠绒毛裸露或/和断裂，或见肠绒毛末端坏死红染，结构模糊（图387）；法氏囊淋巴滤泡髓质扩大，淋巴细胞减少至明显或显著减少，网状细胞增生，散在或成团分布甚至取代整个髓质

图381　鸭铜中毒症
病鸭肌胃角质层增厚、龟裂，铜绿色。右为正常对照。（崔恒敏）

图382　鸭铜中毒症
病鸭空肠、回肠充满深蓝绿色内容物。（崔恒敏）

（图388和图389）；脾脏白髓淋巴细胞减少乃至明显减少（图390）；胸腺小叶髓质淋巴细胞稀疏或/和轻度减少（图391），胸腺小体增多、增大，网状细胞明显增生且发生变性、坏死，结构模糊（图392）。

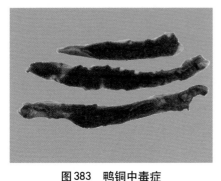

图383　鸭铜中毒症

病鸭肠黏膜潮红、肿胀，其上附有铜褐色内容物。（崔恒敏）

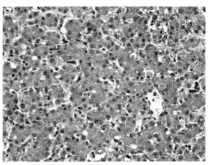

图384　鸭铜中毒症

肝细胞肿大、颗粒变性。HE×100（崔恒敏）

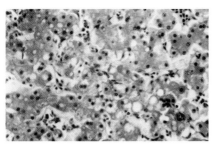

图385　鸭铜中毒症

肝细胞肿大、脂肪变性。HE×200（崔恒敏）

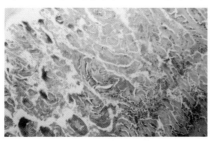

图386　鸭铜中毒症

肌胃角质层增厚、碎裂，其下黏膜上皮细胞变性、坏死。HE×100（崔恒敏）

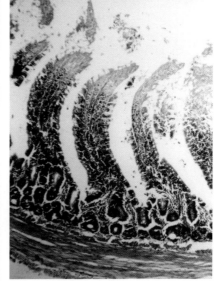

图387　鸭铜中毒症

肠绒毛末端坏死。HE×100（崔恒敏）

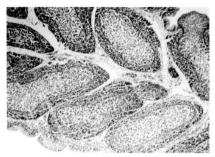

图388　鸭铜中毒症

法氏囊淋巴滤泡淋巴细胞减少。HE×100
（崔恒敏）

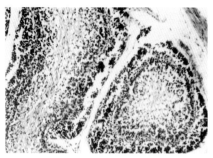

图389　鸭铜中毒症

法氏囊淋巴滤泡网状细胞增生。HE×200
（崔恒敏）

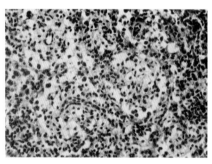

图390　鸭铜中毒症

脾脏白髓淋巴细胞减少。HE×200（崔恒敏）

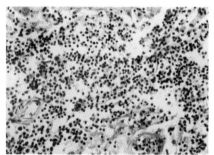

图391　鸭铜中毒症

胸腺淋巴细胞减少。HE×200（崔恒敏）

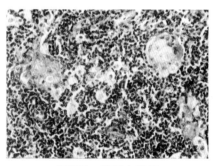

图392　鸭铜中毒症

胸腺小体增多、增大。HE×200（崔恒敏）

【诊断要点】根据胃肠道典型的剖检变化，结合日粮铜含量测定，一般可做出诊断。

【防治措施】针对发生原因，饲养管理中应给以全价配合日粮。日粮每千克含铜10毫克即可满足鸭的生长发育需要，防止过量或盲目添加。

鸭发生铜中毒症后，立即更换饲喂全价配合日粮，加强饲养管理，可收到良好的治疗效果。对急性铜中毒的鸭，可用鸡蛋清加水少许打匀口服，每只3～5毫升。

鸭黄曲霉毒素中毒

鸭黄曲霉毒素中毒是由黄曲霉菌产生的耐热的黄曲霉毒素（B_1、B_2）引起的一种中毒性疾病。雏鸭对黄曲霉毒素敏感，中毒多取急性经过。

【病因】黄曲霉毒素主要由黄曲霉和寄生曲霉产生，此类真菌在自然界广泛存在，在高温和高湿的环境下，易在玉米、花生、稻谷、麦类、豆饼、麦麸皮、米糠等饲料中生长繁殖和产生毒素，鸭采食这类含毒素的饲料则出现中毒。

【典型症状与病变】病禽表现拒食，蹲栖，羽毛直竖，有抽搐、角弓反张现象。剖检见肝脏肿大、色黄、质脆，肝表面及切面呈网格状，肝小叶明显；脾脏肿大，颜色苍白；胸腺肿大、出血；肾脏肿大及脚蹼出血（图393至图397）。组织学检查可见肝细胞变性、坏死和间质内胆管广泛增生（图398和图399）。

图393　鸭黄曲霉毒素中毒

肝脏黄绿色，质脆，脾脏肿大，色变淡。左为正常对照。（彭西）

图394　鸭黄曲霉毒素中毒

肝肿大，表面呈网格状，并附有白色的炎性渗出物。（胡薛英）

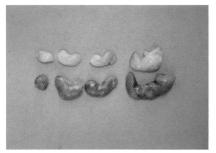

图395　鸭黄曲霉毒素中毒

胸腺肿大、出血，上为正常对照。（彭西）

图396　鸭黄曲霉毒素中毒

肾脏显著肿大。（胡薛英）

图397　鸭黄曲霉毒素中毒

鸭蹼出血。（胡薛英）

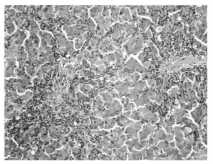

图398　鸭黄曲霉毒素中毒

汇管区周围胆管上皮细胞增生，贯穿整个肝小叶（HE×400）。（彭西）

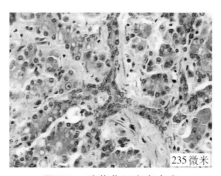

235微米

图399　鸭黄曲霉毒素中毒

肝细胞坏死，间质胆管增生。（HE×400）
（胡薛英）

【诊断要点】根据典型病变可做出初步诊断。确诊需作实验室诊断，取病死鸭肝脏和饲料作黄曲霉毒素含量的测定。

【防治措施】怀疑为黄曲霉毒素中毒时，及时更换饲料。轻度病例可以得到恢复，对于重度病例，为尽快排出胃肠道内的毒素，可投给盐类泻剂，并静脉注射50%葡萄糖溶液，同时配合维生素C制剂进行治疗。预防黄曲霉素中毒的根本措施是避免饲喂发霉饲料。

【诊治注意事项】本病目前尚无特效解毒药，因此对中毒鸭的治疗较为困难。中毒死亡鸭因器官组织均含毒素，不能食用，应将其深埋或烧毁。病鸭的粪便也含有毒素，应集中用漂白粉进行消毒处理，以防止污染水源和饲料。

磺胺类药物中毒

磺胺是治疗家禽细菌性疾病和球虫病的常用药，但毒副作用大，常由于用量过大或服用时间过长而引起中毒。雏鸭对磺胺类药物敏感，易出现中毒反应。

【病因】在使用磺胺类药物时，使用剂量过大，疗程过长均可能发生中毒。饮水和饲料中超过0.2%以上浓度的磺胺类药物对鸭就有毒性。对磺胺药物过敏者，或一次误服剂量过大，或疗程超过1周以上均易中毒。

【典型症状与病变】病鸭表现全身虚弱，脚软或站立不稳，呼吸困难（图400），有时出现神经兴奋症状，摇头、惊恐（图401和图402）。慢性中毒病例生长发育不良，体重减轻；无毛部位皮下可见出血斑（图403）。剖检见皮下、肌肉出血（图404至图406）；肝脏肿大，紫红或黄褐色，充血、出血，质脆易碎（图407）；肾脏肿大、色黄，出血呈斑点状（图408）；脾脏色黄、出血（图409）；骨垢和骨髓褪色（图410和图411）。

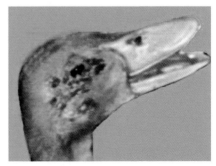

图400　磺胺类药物中毒
病鸭呼吸困难。（岳华，汤承）

图401　磺胺类药物中毒

病鸭平衡失调，站立不稳。（岳华，汤承）

图402　磺胺类药物中毒

神经症状，表现为惊恐、甩头。（岳华，汤承）

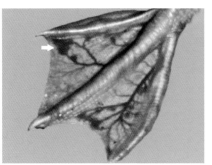

图403　磺胺类药物中毒

脚蹼出血。（岳华，汤承）

图404　磺胺类药物中毒

病鸭消瘦，全身皮下大面积出血。（岳华，汤承）

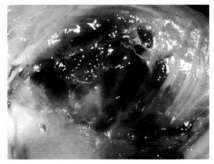

图405　磺胺类药物中毒

胸肌出血。（岳华，汤承）

图406　磺胺类药物中毒

腿部皮下、肌肉出血。（岳华，汤承）

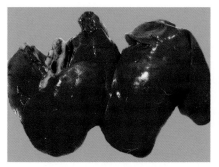

图407　磺胺类药物中毒

肝脏肿大，色黄，充血，出血。（岳华，汤承）

图408　磺胺类药物中毒

肾脏肿大、充血，出血。（岳华，汤承）

图409　磺胺类药物中毒

脾脏肿大，色黄，充血，出血。（岳华，汤承）

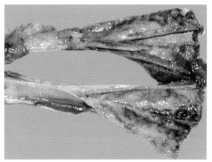

图410　磺胺类药物中毒

骨髓色淡、出血。（岳华，汤承）

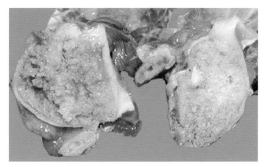

图411　磺胺类药物中毒

骨垢褪色呈粉红色。（岳华，汤承）

【诊断要点】根据磺胺类药物不当的用药史，结合症状和剖检变化可做出初步诊断。确诊需结合病鸭血样中磺胺药物含量的测定结果判断。

【防治措施】严格掌握磺胺类药物的剂量和用法，连续使用不得超过5天，1月龄以下的雏鸭和产蛋鸭最好不用。需要使用磺胺类药物时，应配以等量碳酸钠，并供给充足的饮水。一旦发现中毒症状，应立即停药，供给充足的饮水，并于其中加1%～2%的小苏打，饲料中大剂量使用维生素C、维生素K_3，连用数日，直至症状基本消失。

鸭食盐中毒

鸭对食盐的毒性作用很敏感，饲料中加入2%的食盐，可抑制雏鸭生长，降低种鸭繁殖能力和蛋的孵化率。

【病因】饲料中食盐添加量过大或过量添加含盐量高的鱼粉或副产品等饲料原料是引起鸭食盐中毒的主要原因。

【典型症状与病变】病鸭食欲不振或废绝，饮水量增加，腹泻，兴奋不安，继而精神沉郁，运动失调，两腿无力，甚至瘫痪。剖检可见病鸭尸僵不全，血液黏稠，凝固不良；皮下和全身多处组织水肿（图412和图413），肝、肺充血间或出血（图414和图415）；消化道黏膜充血、出血（图416）；脑膜充血、血管扩张（图417），脑组织水肿，呈紫红色。

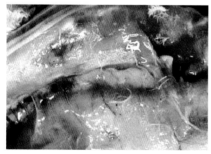

图412　鸭食盐中毒
头颈部皮下水肿。（岳华，汤承）

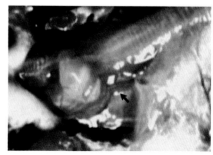

图413　鸭食盐中毒
气管周围组织水肿。（岳华，汤承）

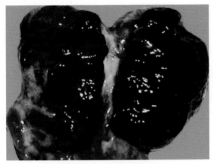

图414　鸭食盐中毒

肺脏充血、出血。（岳华，汤承）

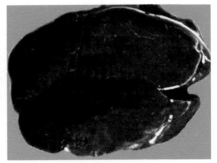

图415　鸭食盐中毒

肝脏肿大、瘀血。（岳华，汤承）

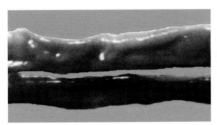

图416　鸭食盐中毒

肠黏膜瘀血。上为正常对照。（岳华，汤承）

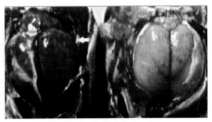

图417　鸭食盐中毒

脑组织瘀血。右为正常对照。（岳华，汤承）

【诊断要点】根据有饲料中食盐添加量过大的病史，渴感增加，神经症状明显等症状，结合消化道黏膜充血、出血和脑膜充血等剖检变化可做出初步诊断。确诊需结合病鸭内脏器官及饲料中盐的含量测定结果判定。

【防治措施】平时应严格控制饲料中食盐的含量，添加的食盐粒径要细，在饲料中须搅拌均匀。发现食盐中毒应立即停止饲喂含盐饲料。轻度中毒，供给充足的饮水或5%葡萄糖水，症状可逐渐好转；严重中毒鸭群要适当控制饮水量，过量饮水会促加重脑组织水肿，加重病情，导致死亡增加，可每隔1小时让其自由饮用5%葡萄糖水10～20分钟。

鸭淀粉样变病

淀粉样变病可发生于多种动物，包括马、牛、羊和家禽等。鸭淀粉样变病是由多种因素引起的一种慢性疾病，其主要特征为腹部膨大、下垂，故名水裆病，肝脏肿大或称大肝病。该病多发于年龄较大的鸭群，特别是成年鸭，已成为成年鸭死亡的常见原因。

【病因】本病的发生原因多且复杂，一般认为与年龄、遗传特点、动物的适应性和行为、饲养管理及恶劣的环境、有害因素、细菌及其毒素的慢性感染因素相关，其中年龄、遗传、细菌及其毒素的慢性感染等因素的报道较为系统。

【典型症状与病变】初期症状不易察觉，仅见病鸭沉郁喜卧，不愿活动或行动迟缓，食欲减少或正常；病鸭不愿下水，如强迫下水则很快上岸卧地。典型症状表现为腹部因腹水而膨大、下垂，腹部触诊有波动感，腹腔积有多量液体，有时可触摸到肿大、质硬的肝脏；腿脚水肿，严重者跛行，甚至出现呼吸困难。剖检可见肝脏体积显著肿大，质地坚实，呈红黄相间或黄色与暗绿色相间的斑驳外观（图418），脾脏体积肿大、色浅、质地较硬。组织病理学检查，肝脏淀粉样物质沉着于小血管壁（包括中央静脉）及其周围部位（图419和图420）；脾脏中常见淀粉样物质或多或少地沉着于中央动脉和小血管壁及脾窦窦壁（图421和图422）；在胰腺，淀粉样物质沉积于小血管壁和腺泡之间（图423）；肾脏中常见淀粉样物质沉积于肾小球（图424）；肠道中常见淀粉样物质沉着于小肠黏膜内（图425至图427）。

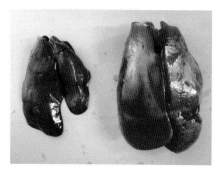

图418　鸭淀粉样变病

肝脏肿大、质脆，见黄绿色病变区。左为正常对照。（彭西）

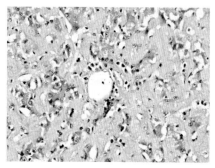

图419　鸭淀粉样变病

肝脏：淀粉样物质沉积于中央静脉周围，肝细胞萎缩、消失并被淀粉样物质取代。（HE×400）（彭西）

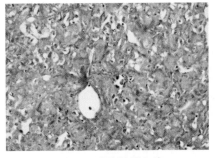

图420　鸭淀粉样变病

肝脏：砖红色淀粉样物质沉积于中央静脉及周围。（刚果红×400）（彭西）

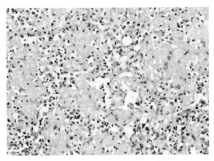

图421　鸭淀粉样变病

脾脏：淀粉样物质沉积于脉管周围，淋巴细胞减少，由淀粉样物质所取代。（HE×400）（彭西）

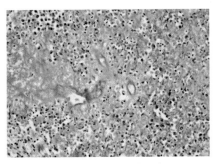

图422　鸭淀粉样变病

脾脏：淀粉样物质沉积于小血管周围。（刚果红×400）（彭西）

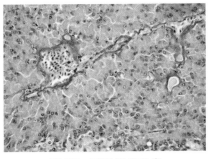

图423　鸭淀粉样变病

胰腺：淀粉样物质沉着于小血管壁周围。（刚果红×400）（彭西）

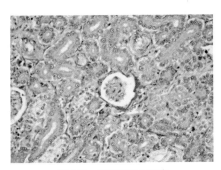

图424　鸭淀粉样变病

肾脏：淀粉样物质沉着于肾小囊壁外侧。（刚果红×400）（彭西）

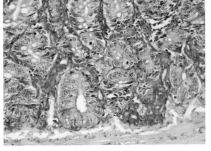

图425　鸭淀粉样变病

十二指肠：淀粉样物质沉着于肠腺之间。（刚果红×400）（彭西）

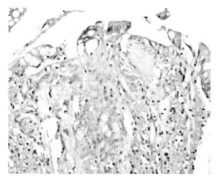

图 426　鸭淀粉样变病

直肠：淀粉样物质沉着于肠绒毛中轴的固有层。(HE×400)（彭西）

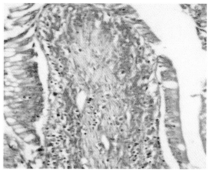

图 427　鸭淀粉样变病

直肠：淀粉样物质沉着于肠绒毛中轴的固有层。（刚果红×400）（彭西）

【诊断要点】根据本病的发生特点及典型症状与病理变化，一般可做出诊断。诊断时应抓住以下特点：

1.本病主要发生于年龄较大的鸭只，以成年鸭发病多见。

2.发病鸭因腹腔积液而腹部膨大、下垂，触诊腹部有波动感，甚至可触及到肿大、质硬的肝脏。

3.尸检变化以肝脏最为显著，表现为均匀肿大，质硬，色泽呈黄绿、橘红、棕红或灰黄色，切面滴碘可显红棕色。

4.采集病变器官制成切片HE染色和刚果红等特殊染色在光镜下发现有淀粉样物质沉着即可确诊。

【防治措施】鸭淀粉样变病的病因多且复杂，预防工作十分困难，目前对鸭群发生淀粉样变病尚无有效的治疗方法和药物。常通过改善饲养管理，适当调整饲养密度，做好卫生防疫工作，尤其是预防沙门氏菌和大肠杆菌等慢性感染性疾病，有助于降低发病率。

鸭　啄　癖

鸭啄癖是病鸭对除饲料外的杂物有异常啄食嗜好的病症，患鸭喜啄食羽毛、肌肉、蛋和其他异物等。

【病因】发生原因通常是由于饲料缺乏某些蛋白质或氨基酸、维生素、微量元素、食盐、粗纤维等营养物质。饲养密度大、群体个体差异太大、光照不足或过强、体外寄生虫病、皮肤病等因素也可引起。

【**典型症状**】发生啄癖鸭群的部分鸭只羽毛不整齐或局部或全身无羽毛，体表有损伤，肛门受伤、出血（图428至图431）。产蛋鸭的肛门外翻，流血或直肠脱垂、出血、溃烂。剖检可见死亡鸭只的腺胃与肌胃内充有多量的羽毛或其他异物等。

图428　鸭啄癖

尾部羽毛被啄，皮肤显露。（张济培）

图429　鸭啄癖

背部羽毛被啄脱落，皮肤显露。（张济培）

图430　鸭啄癖

蛋鸭颈、背部羽毛被啄脱落。（张济培）

图431　鸭啄癖

全身多处羽毛被啄，皮肤啄损出血。（张济培）

【诊断要点】根据病鸭的异嗜行为、外表与剖检可见胃内异物即可做出诊断。

【防治措施】鸭群发生啄癖后，应尽快查明发生的具体原因，并予以消除。针对发生原因采取相应措施有助于本病的预防和控制。

鸭光过敏症

鸭光敏症病是由于鸭吃的食物中有光过敏性物质，在阳光的照射下而发生的一种疾病。本病的特征是病鸭上喙、脚蹼变形及角化层脱落。

【病因】采食含有某些光过敏物质（如大软骨草籽、川芎的根块等）的饲料而引起。

【典型症状】本病见于20～100日龄鸭，发病率一般为20%～60%，死亡率低，但病残率高。病鸭上喙角质层出现出血斑点或角质下层水肿，形成黄豆至蚕豆大小的水疱（图432），水疱逐渐扩大，破溃，痂皮脱落，露出红色的角化层下层（图433），严重者上喙变短，或边缘向上翻卷（图434），也可见脚蹼形成水疱，破溃，甚至脚蹼变形和眼结膜炎症状，流泪，流涕。

图432　鸭光过敏症
上喙角质层形成水疱。（张济培）

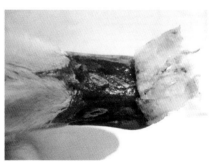

图433　鸭光过敏症
上喙角质层水疱痂皮脱落，露出红色的角化层下层。（张济培）

图434　鸭光过敏症

上喙缩短，边缘向上卷曲。（张济培）

【诊断要点】根据病鸭的喙和脚蹼的特异性病变可做出诊断。

【防治措施】避免鸭只摄食含光过敏物质的饲料和药物，避免喹乙醇中毒，鸭场应搭建凉棚，不要让鸭群过度接触强烈的阳光。发现有病禽时，停喂可疑饲料或药物，投喂适量葡萄糖、维生素C，以加强机体解毒作用，并补充足量的维生素A、维生素D、维生素E和适量的青饲料。

【诊疗注意事项】鸭只摄食过量的喹乙醇，亦会表现类似的症状与病理变化，临床上注意与之鉴别。

附　鸭病综合防治原则

鸭病防治的一般性原则是采取"以防为主，防重于治"的基本方针。其中特别强调要做好鸭主要传染病的免疫接种、疫苗的免疫抗体监测、科学的饲养管理以及药物保健工作。

一、鸭疫苗免疫程序及其免疫抗体监测

气候条件、地域、鸭品种的不同，鸭的疫苗免疫程序也有所不同。下面分别介绍1套番鸭、半番鸭、蛋鸭和种鸭的疫苗免疫程序，仅供参考。

1.番鸭疫苗免疫程序（表1）

表1　番鸭疫苗免疫程序

日龄	疫苗名称	剂量	用法	备注
1日龄	雏番鸭细小病毒活疫苗	1～2羽份	肌内注射	
1日龄	小鹅瘟活疫苗	1～2羽份	肌内注射	
2日龄	鸭病毒性肝炎高免卵黄抗体	0.5～0.8毫升	肌内注射	选择使用
5日龄	H5亚型禽流感灭活疫苗	0.5毫升	肌内注射	
7日龄	鸭传染性浆膜炎灭活疫苗	按说明书剂量	肌内注射	选择使用
12日龄	H5亚型禽流感灭活疫苗	1毫升	肌内注射	
19日龄	H5亚型禽流感灭活疫苗	1毫升	肌内注射	
25日龄	鸭瘟活疫苗	1～2羽份	肌内注射	
35日龄	禽多杀性巴氏杆菌病活疫苗	1羽份	肌内注射	选择使用

2. 半番鸭（骡鸭）疫苗免疫程序（表2）

表2　半番鸭（骡鸭）疫苗免疫程序

日龄	疫苗名称	剂量	用法	备注
2日龄	鸭病毒性肝炎高免卵黄抗体	0.5～0.8毫升	肌内注射	选择使用
5日龄	H5亚型禽流感灭活疫苗	0.5毫升	肌内注射	
7日龄	鸭传染性浆膜炎灭活疫苗	按说明书剂量	肌内注射	选择使用
12日龄	H5亚型禽流感灭活疫苗	1毫升	肌内注射	
19日龄	H5亚型禽流感灭活疫苗	1毫升	肌内注射	
25日龄	鸭瘟活疫苗	1～2羽份	肌内注射	
35日龄	禽多杀性巴氏杆菌病活疫苗	1羽份	肌内注射	选择使用

3. 蛋鸭疫苗免疫程序（表3）

表3　蛋鸭疫苗免疫程序

日龄	疫苗名称	剂量	用法	备注
2日龄	鸭病毒性肝炎高免卵黄抗体	0.5～0.8毫升	肌内注射	选择使用
7日龄	鸭传染性浆膜炎灭活疫苗	按说明书剂量	肌内注射	选择使用
20日龄	H5亚型禽流感灭活疫苗	0.8～1毫升	肌内注射	
25日龄	鸭瘟活疫苗	1～2羽份	肌内注射	
30日龄	禽多杀性巴氏杆菌病活疫苗	1羽份	肌内注射	选择使用
35日龄	H5亚型禽流感灭活疫苗	1毫升	肌内注射	
115日龄	鸭瘟活疫苗	1～2羽份	肌内注射	
120日龄	禽多杀性巴氏杆菌病活疫苗	1羽份	肌内注射	选择使用
125日龄	H5亚型禽流感灭活疫苗	1.5毫升	肌内注射	

4. 种鸭疫苗免疫程序（表4）

表4　种鸭疫苗免疫程序

日龄	疫苗名称	剂量	用法	备注
2日龄	鸭病毒性肝炎高免卵黄抗体	0.5～0.8毫升	肌内注射	选择使用
7日龄	鸭传染性浆膜炎灭活疫苗	按说明书剂量	肌内注射	选择使用
20日龄	H5亚型禽流感灭活疫苗	0.8～1毫升	肌内注射	
25日龄	鸭瘟活疫苗	1～2羽份	肌内注射	
30日龄	H5亚型禽流感灭活疫苗	0.8～1毫升	肌内注射	
35日龄	禽多杀性巴氏杆菌病活疫苗	1羽份	肌内注射	选择使用
115日龄	鸭瘟活疫苗	1～2羽份	肌内注射	
120日龄	禽多杀性巴氏杆菌病活疫苗	1羽份	肌内注射	选择使用
125日龄	H5亚型禽流感灭活疫苗	1.5毫升	肌内注射	
130日龄	鸭病毒性肝炎活疫苗或灭活疫苗	按说明书剂量	肌内注射	选择使用
180日龄	H5亚型禽流感灭活疫苗	1.5毫升	肌内注射	适用于200日龄开产的种番鸭、北京鸭

5. 疫苗免疫抗体

疫苗免疫后是否都有免疫保护作用，必须通过疫苗免疫抗体监测来确定。目前在生产实践中比较常用的有H5亚型禽流感免疫抗体的监测。据试验，禽流感疫苗免疫后30～40日龄时抗体水平最高，此时抽血比较有代表性。试验方法采用血凝抑制试验（HI），当抗体水平 $\geqslant \log_2 6$（即1∶64）时，鸭群有较好的免疫保护作用。所以，规模化养鸭场每年定期进行禽流感免疫抗体监测（每年3～4次）是非常必要的。若发现抗体水平不达标，就要及时地给予加强免疫。

二、科学饲养管理

1. 雏鸭的饲养管理

（1）温度　雏鸭的生长发育与温度有密切的关系。一般来说，

1～3日龄要保持33～35℃，以后每天下降0.5℃。在不同的季节，保温时间应有所不同，如冬天要多保温几天（10～20天），夏天保温5～7天即可。不同品种的鸭保温时间也应有所不同，如番鸭苗的保温时间要长，而其他品种鸭的保温时间可短些。保温的温度高低要根据雏鸭的活动状态及时进行调整。如果雏鸭在育雏室内分布均匀、活泼，保温温度是适宜的；如果雏鸭聚集成堆、相互挤压、尖叫不停，说明保温的温度不够；如果雏鸭表现不安、张口呼吸、远离热源，表明保温的温度太高。保温的做法有电灯（红外线灯）保温、煤炭保温等方法。

（2）湿度　育雏前期，由于室内温度较高、水分蒸发快，此时室内相对湿度要求高一些（保持在60%～70%）；如果湿度太低，易造成雏鸭脚趾干涸等轻度脱水症状。2周后相对湿度维持在50%～55%为宜。

（3）通风　由于早期保温室内温度较高，小鸭拉的粪便易发酵产生氨气；若用煤炭保温，易产生一氧化碳。氨气和一氧化碳对雏鸭的呼吸道和生长发育都会造成不良影响，严重时还会导致中毒死亡或诱发雏鸭产生呼吸道症状（如咳嗽）。所以在保温的同时要时时刻刻做好通风换气工作。

（4）密度　饲养密度太稀，保温的温度不易控制；但密度太大，易造成拥挤，甚至压死。一般来说，一周龄内每平方米育雏室可放养15～20只，2周龄可放养10～15只，3周龄以后可放养5～7只。

（5）饮水开食和洗浴　雏鸭出壳待毛干后，先饮水（在水中添加补液盐和恩诺沙星），后开食。长途运输的雏鸭，在途中要保证有足够的氧气供给，还要控制好温度，防止出现高温应激或受凉感冒现象，同时要防止日晒雨淋。雏鸭饮水6个小时后即可喂食。喂食时，在塑料布上均匀地撒上鸭饲料或碎米，同时饮水器也要放在料边。饮水和洗浴的时间因品种而异。雏番鸭苗放水时间要到7～10日龄；而半番鸭和水母鸭在3～4日龄即可放水和洗浴。

（6）雏鸭培育方式　可分为地面育雏和网上育雏两种方法。地面育雏是将雏鸭直接放在地面上饲养。此时地面上要铺上清洁干燥的谷壳、木屑或短稻草，厚度为5～6厘米。网上育雏是将雏鸭放在网上饲养，要求用铁丝网和木条钉成架子，网距地面20～30厘米，每一格为 3 ～ 4 米^2，以装 100 ～ 150 只雏鸭为宜。采用网上饲养，成本较高，但较卫生、干燥、雏鸭成活率高。

2.中鸭的饲养管理

时间从 3 周龄开始到 6 ～ 7 周龄。要求从雏鸭到中鸭要有 3 ～ 5 天的过渡时期，饲料的配方也要逐渐过渡。在中鸭阶段，鸭舍可以简单一些，但必须有挡风、防雨的基本条件，舍内也要保持干净和干燥。冬天可在舍内铺一些稻草或谷壳，夏天可铺一些沙子。舍内、运动场和水面面积的比例以 1：1.5：2 为宜，可根据条件适当增加水上放牧。这个阶段对不同品种鸭的饲养要求有所不同。对后备蛋鸭来说，中鸭阶段要开始限制饲喂，若采食量大，易造成过肥、过早性成熟，影响以后产蛋性能。所以，在这一阶段，产蛋鸭饲料以粗饲料为主，青绿饲料可占饲料的 5% 左右，粗蛋白质维持在 14%，代谢能为 10.9 兆焦/千克。对肉鸭来说，中鸭阶段不仅不要限制喂食，反而要提高采食量。这一阶段的肉鸭饲料中，粗蛋白质保持在 16%。能量保持在 11.7 兆焦/千克，可一直保持这种饲养水平到大鸭出售。

3.产蛋鸭和种鸭的饲养管理

产蛋期可分为 3 个阶段：120 ～ 200 日龄为产蛋早期（有些品种如番鸭、北京鸭 200 ～ 240 日龄为产蛋早期），201 ～ 305 日龄为产蛋中期，351 ～ 500 日龄为产蛋后期。不同阶段的饲养管理有所不同。

（1）**产蛋早期**　在产蛋早期，饲养管理的重点是尽快把产蛋率推向高峰。在饲养过程中要根据产蛋率不同而不断提高饲料质量、增加采食量，以满足蛋鸭的营养需求。粗蛋白质保持在 18% ～ 18.5%，代谢能保持在 11.5 兆焦/千克。对一般的产蛋麻鸭，日采食量为 150 ～ 170 克（冬天会增加一些）；肉用种鸭的日采食量在 250 克左右。同时，光照应逐步增加，达到每天光照 17 小时。在这一阶段，要特别注意看看是否有软壳蛋、粗壳蛋以及产蛋率升不上去等问题出现，若有则要及时诊治。

（2）**产蛋中期**　这个阶段产蛋率已进入高峰，营养上应保证需要，要求粗蛋白质在 18.5% ～ 20%，采食量比产蛋初期略有增加，相应的蛋重也会增加。在管理上，光照应稳定在每天 17 小时，应尽量减少各种不良应激（如打针、天气转变、转群、饲料突然改变以及其他各种应激因素），否则非常容易导致产蛋率下降。一旦产蛋率下降，就不容易再上升到产蛋高峰。这是产蛋鸭赚钱的黄金时期，要特别强调稳定的饲养管理条件。

（3）产蛋后期　饲料管理基本上同产蛋中期。可根据鸭子的体重和产蛋量确定饲料的质量和饲喂量。若产蛋率有所下降，可适当地增加多种维生素或其他营养物质；若蛋重偏低，可增加一些蛋白质如豆粕或鱼粉。产蛋率下降到75%以下时，可考虑淘汰或强制换羽停产。

三、鸭药物保健计划

根据鸭子的不同阶段容易出现的问题，选择性地给予一些药物进行预防，可大大地提高鸭子的成活率、生长性能和产蛋性能。

1. 1～3日龄鸭药物保健

在饮水中按说明书介绍的用量添加多种维生素和盐酸环丙沙星等药物，一方面可减少鸭苗运输应激反应，提高抵抗力；另一方面对雏鸭的大肠杆菌病、沙门氏菌病等也有一定的防治作用，可提高育雏率。

2. 10～80日龄鸭药物保健

在这期间，依不同的饲养条件可饲喂2～3个疗程的土霉素、盐酸多西环素或氟苯尼考等药物（按说明书的要求使用），可预防鸭的传染性浆膜炎、大肠杆菌病、沙门氏菌病、禽巴氏杆菌病等细菌性疾病。

3. 产蛋期间鸭药物保健

遇到天气转变、换饲料以及其他应激因素时，可适当地多加一些多种维生素，以保持产蛋率的稳定。

（江斌）

参 考 文 献
CANKAOWENXIAN

陈怀涛，赵德明.2013.兽医病理学.第二版.北京：中国农业出版社.

甘孟候.2003.中国禽病学.北京：中国农业出版社.

岳华，汤承.2002.禽病临床诊断彩色图谱.成都：四川科技出版社.

郭玉璞.1997.鸭病诊治彩色图说.北京：中国农业出版社.

崔恒敏.2011.动物营养代谢疾病诊断病理学.北京：中国农业出版社.

江斌，吴胜会，林琳，张世忠，陈琳.2012.畜禽寄生虫病诊治图谱.福州：福建科学技术出版社.

崔恒敏.2008.鸭病诊疗原色图谱.北京：中国农业出版社.

胡旭东，路浩，苏敬良，等.2011.我国发现的一种引起鸭产蛋下降综合征的新型黄病毒.中国兽医杂志（7）：43-47.

何平有，蒋文灿.2006.鸭肿头病败血症病理研究.黑龙江畜牧兽医(11):87-88.

刘超男，刘明，张云，等.2006.H5N1亚型禽流感病毒的鸭致病性研究.中国农业科学(2):412-417.

冯炳文.2003.鸭流感临床病变图例诊断.中国家禽(11):24.

崔恒敏，陈怀涛，等.2005.实验性雏鸭铜中毒症的病理学研究.畜牧兽医学报（7）：715-721.

彭西，崔恒敏，方静，等.2003.实验性天府肉雏鸭锌缺乏症的病理学研究[J].畜牧兽医学报（6）：581-587.

图书在版编目（CIP）数据

鸭病诊疗原色图谱 / 崔恒敏主编. —2版. — 北京：
中国农业出版社，2014.9
（兽医临床诊疗宝典）
ISBN 978-7-109-19311-6

Ⅰ.①鸭…　Ⅱ.①崔…　Ⅲ.①鸭病−诊疗−图谱
Ⅳ.①S858.32−64

中国版本图书馆CIP数据核字（2014）第133391号

中国农业出版社出版
（北京市朝阳区麦子店街18号楼）
（邮政编码 100125）
责任编辑　颜景辰　王森鹤

北京中科印刷有限公司印刷　新华书店北京发行所发行
2015年2月第2版　2015年2月第2版北京第1次印刷

开本：889mm×1194mm　1/32　印张：5.125
字数：210千字
定价：65.00元
（凡本版图书出现印刷、装订错误，请向出版社发行部调换）